AF453345

AVANT-PROPOS

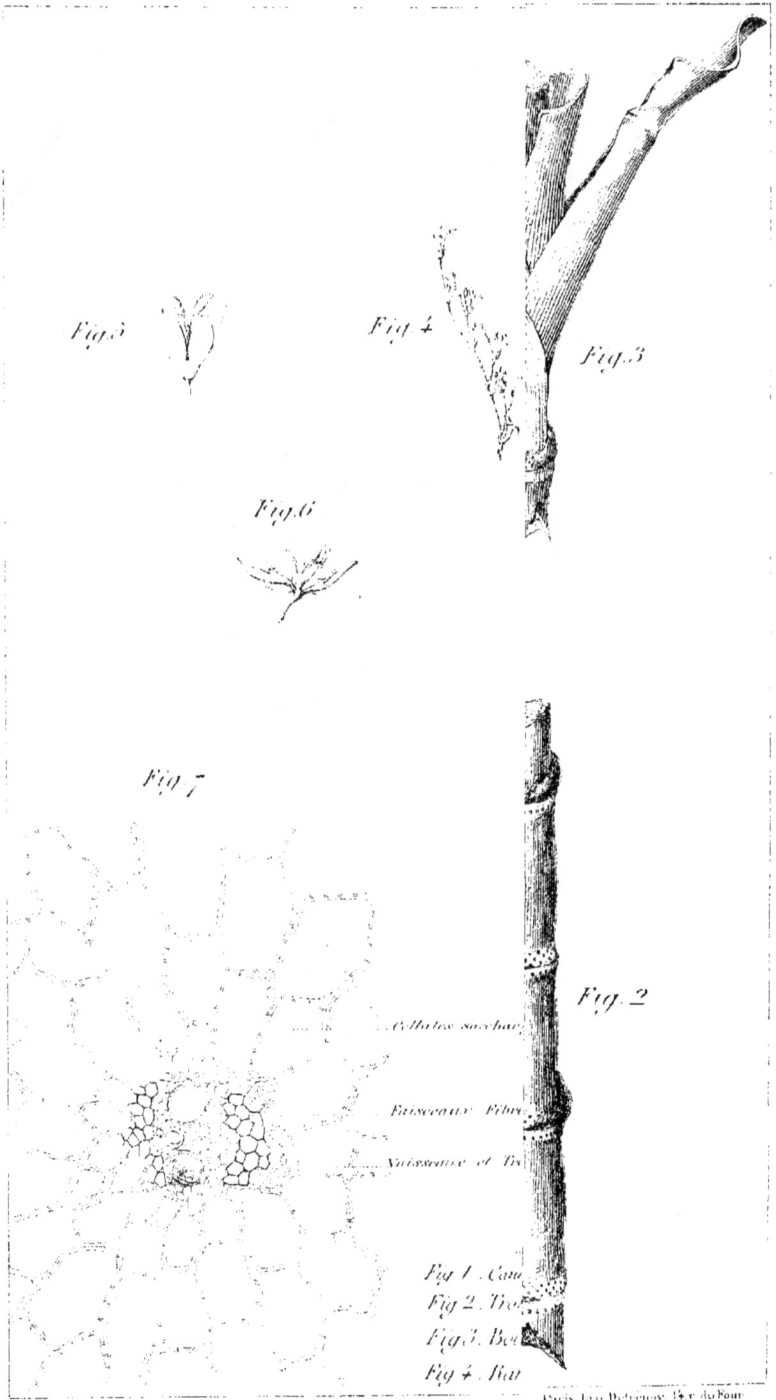
Fig.5
Fig.4
Fig.3
Fig.6
Fig.7
Fig.2
Cellules saccha
Faisceaux Fibr
Naissance et Tr
Fig.1. Cann
Fig.2. Tro
Fig.3. Bo
Fig.4. Rac
Paris. Imp. Delcroix, 14. r. du Four

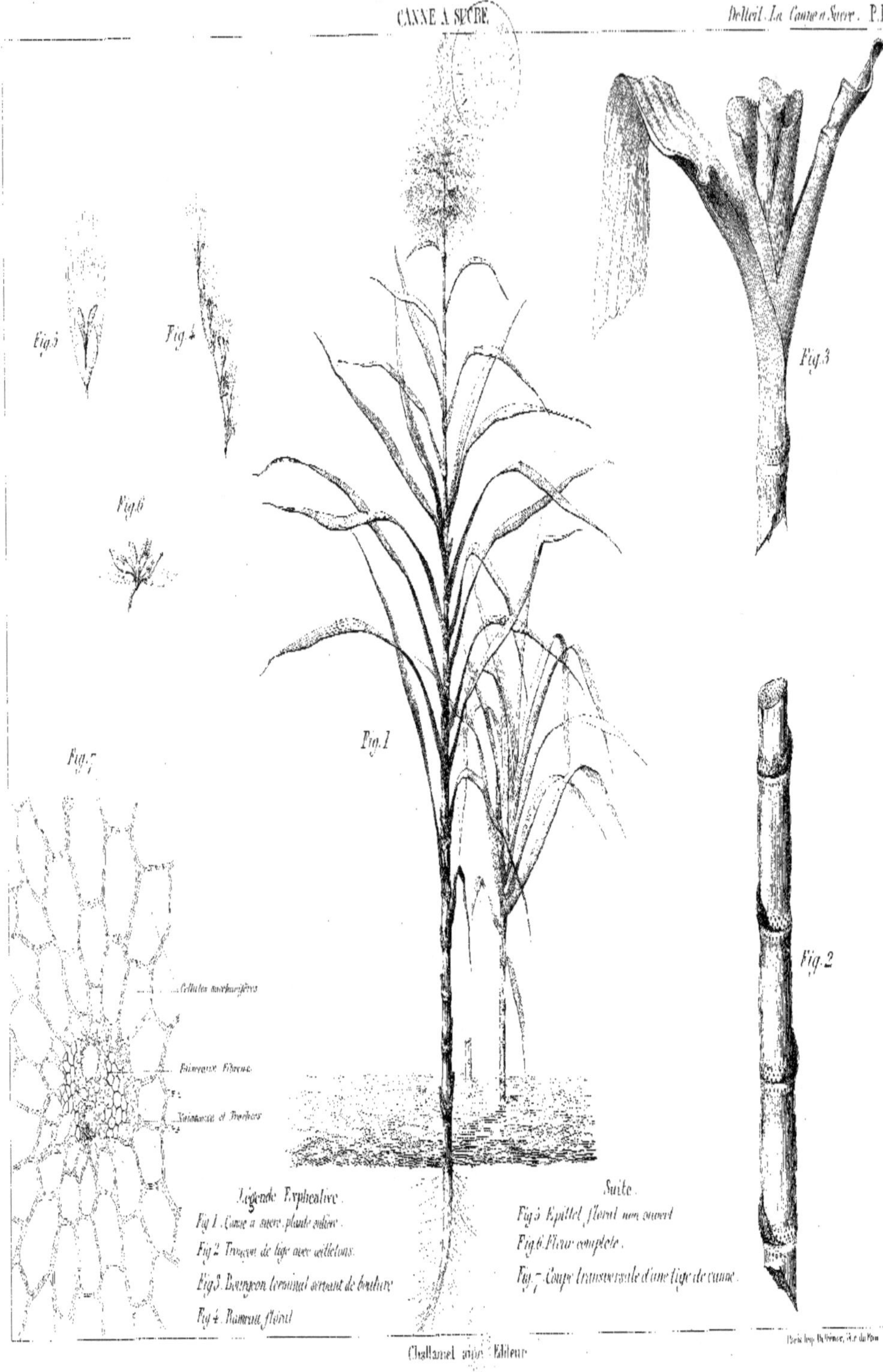

Légende Explicative.

Fig 1. Canne a sucre, plante entière.

Fig 2. Tronçon de tige avec œilletons.

Fig 3. Bourgeon terminal servant de bouture.

Fig 4. Rameau floral.

Suite.

Fig 5. Epillet floral non ouvert.

Fig 6. Fleur complète.

Fig 7. Coupe transversale d'une tige de canne.

Challamel ainé, Editeur.

Paris Imp. Delrieux, R. e du Pont

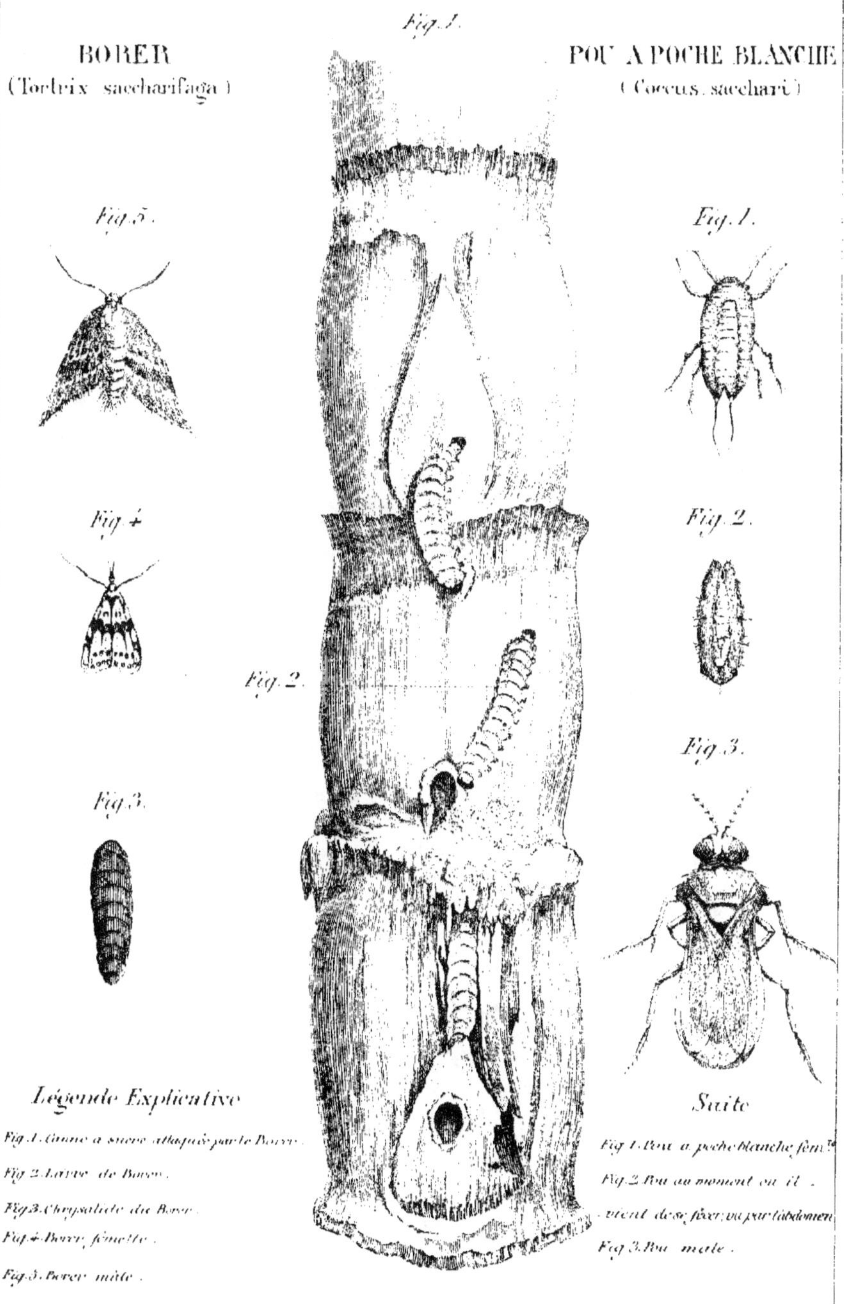

Paris. Imp. Dulcénov, 34, r. du Four.

LA
CANNE A SUCRE

PAR

A. DELTEIL

PHARMACIEN PRINCIPAL DE LA MARINE EN RETRAITE,
CHEVALIER DE LA LÉGION D'HONNEUR,
EX-DIRECTEUR DE LA STATION AGRONOMIQUE DE LA RÉUNION

PARIS

CHALAMEL AÎNÉ, ÉDITEUR
LIBRAIRIE ALGÉRIENNE ET COLONIALE
RUE JACOB, ET RUE BONAPARTE

1884

AVANT-PROPOS

De toutes les plantes qui se cultivent dans les pays inter-tropicaux, la plus intéressante et la plus utile à étudier est, sans contredit, la *Canne à sucre*. C'est, en effet, la plus répandue et celle qui constitue, pour nos colonies, la plante industrielle de grande culture, dont le produit, le *Sucre*, représente une denrée d'exportation de première nécessité.

L'étude complète de la canne à sucre, envisagée sous tous ses aspects, ferait la matière d'un gros volume qui exigerait, de la part de celui qui aurait le courage de l'entreprendre, un ensemble de connaissances véritablement encyclopédique. Plus modeste dans nos aspirations, nous nous sommes contenté de chercher à condenser dans une brochure d'un petit nombre de pages, les différentes notions qu'il est nécessaire de connaître sur *la culture de cette plante* et *l'extraction du sucre*. Notre but a été surtout de faire tout à la fois un *memento* que l'habitant pourrait consulter quelquefois avec fruit, et un *manuel élémentaire* susceptible d'être mis entre les mains des élèves des écoles communales, des collèges et des lycées de nos diverses colonies.

Ni trop, ni trop peu, tel a été notre devise.

Pour mener cette œuvre à bonne fin, nous avons mis largement à contribution la brochure de M. Icery sur la composition du vesou, et les mémoires et travaux publiés dans les Bulletins de la chambre d'agriculture de la Réunion, dus principalement à la collaboration de MM. Jacob de Cordemoy, Joseph de Mazérieux et Sicre de Fontbrune, tous deux anciens Présidents de la chambre d'agriculture, etc., etc. D'un autre côté, nous avons mis à profit l'expérience que nous avons acquise à la suite de nos recherches personnelles et des fonctions que nous avons occupées, pendant de longues années, dans la principale de nos colonies sucrières.

Nous avons fait tous nos efforts, en traitant un aussi vaste sujet, pour suivre un programme bien ordonné, embrassant toutes les questions, glissant sur les points secondaires et développant, au contraire, avec détail, ceux qui nous paraissaient offrir le plus d'intérêt.

Nous avons divisé notre travail en 7 chapitres qui portent les désignations suivantes :

Chapitre Ier. — Partie historique.
   —   II. — Partie botanique.
   —   III. — Partie chimique.
   —   IV. — Partie agricole.
   —   V. — Maladie de la canne.
   —   VI. — Fabrication du sucre.
   — VII. — Rendements. — Mélasse. — Rhum. —
               Analyses. — Usages du sucre.

CANNE A SUCRE

CHAPITRE I

PARTIE HISTORIQUE

Etymologie et synonimie. — Patrie. — Historique de son introduction
en Europe, en Asie, en Amérique et dans les colonies.

Etymologie. — Suivant de Humboldt, le mot *sucre* viendrait du
sanscrit *scharkara*, qui veut dire *pierre*, faisant ainsi allusion à
la dureté du produit que l'on retire de la canne. Les Indiens en
ont ensuite fait *shaker*, les Persans *shukur*, et les anciens *saccharum*, qui, dans notre langue, a fini par se transformer en
sucre.

Synonimie. — Nom vulgaire :   *canne à sucre;*
nom botanique :   *saccharum officinarum,*
arundo saccharifera.

Historique. — D'après des documents historiques très anciens,
la canne à sucre serait originaire de l'Inde, ainsi qu'en témoi-
gnent divers passages d'auteurs latins, dont nous allons donner
la traduction.

« L'Arabie produit du sucre, mais celui de l'Inde est plus en
« renom ; c'est une sorte de miel que l'on recueille dans des
« roseaux. Il est blanc comme de la gomme, se brise facilement
« sous la dent et est très usité en médecine » (Pline l'Ancien).

« Il croît dans l'Inde un grand roseau, duquel on retire un
« suc si doux, que le meilleur miel ne saurait lui être comparé »
(Varron).

« On raconte qu'on trouve chez les Indiens un miel contenu
« dans un roseau ; ce miel est produit soit par la rosée du Ciel,
« soit par le suc doux et épais de ce roseau » (Sénèque).

Dioscoride parle encore du sucre sous le nom de *sel indien*
et de *miel de roseau*.

L'Inde a donc été le berceau de la canne ; de là celle-ci est pas-
sée dans l'Indo-Chine où elle est cultivée depuis un temps immémorial. Elle pénétra ensuite en Arabie, en Nubie, en Ethiopie
et en Egypte. Après les croisades, elle fut introduite par les
Vénitiens, vers l'an 1300, en Syrie, à Chypre et en Sicile.

Dom Henri, roi de Portugal, l'importa plus tard à Madère et
aux Canaries où, pendant plus de 300 ans, fut fabriqué tout
le sucre qui se consommait en Europe. Cette culture fit plus
tard place à la vigne qui fut reconnue plus avantageuse. On
planta également la canne en Provence et dans le Sud de
l'Espagne. Les Portugais la portèrent, vers cette époque, à
Saint-Thomas.

Après la découverte du Nouveau-Monde, Pierre de Etienza
introduisit la canne à Saint-Domingue, qui portait autrefois le
nom d'*Hispaniola*. En 1518, on comptait déjà 28 sucreries dans
cette île. On prétend que ce fut un Catalan, nommé Bellestero
qui indiqua le moyen d'exprimer et de recueillir le jus de la
canne et que c'est à Gonzalès de Velesa que l'on doit l'art de
fabriquer le sucre.

Il est probable que c'est de Saint-Domingue que la canne se
répandit successivement au Mexique en 1520, à la Martinique
en 1650, à la Guadeloupe en 1644, à Cuba, dans les Guyanes et
dans toute l'Amérique du Sud.

La canne, que les premiers colons trouvèrent acclimatée à
Bourbon et à Maurice, et qu'ils désignèrent plus tard sous le
nom de *Canne créole*, provient bien certainement de Madagascar.

On connaît l'époque certaine de l'introduction d'un certain
nombre d'espèces qui furent apportées depuis dans la première
de ces colonies.

La *canne diard rayée* fut introduite par le naturaliste Cossigny
en 1782.

La *canne blanche*, originaire d'Otahiti, fut importée dans les
première années de ce siècle.

La *canne dite du Bengale* provient de Calcutta.

La *canne pinang, variété du Brésil,* a été envoyée par M. Couturier, ancien Gouverneur de la Martinique.

La *canne diard verte et rose,* vient de Java.

La *canne guinghan bâtarde* ou *saportas* a été apportée de Java, vers 1865, par le navire le *Saint-Charles,* en même temps que le *Borer,* ver redoutable qui fut un fléau pour les plantations.

Les cannes, dites de Maurice, telles que *Bois rouge blonde, Tamarin, Tsiambo, Poudre d'or, Mapou, Scavanjerie, Reine rouge, Port maket,* etc., et qui constituent plus de 100 variétés affublées des noms les plus bizarres, ont été tirées presque toutes de la Nouvelle-Calédonie.

La Martinique et la Guadeloupe, qui ont échappé jusqu'à ce jour à la maladie de la canne et aux ravages du borer, sont restées fidèles à quelques espèces primitivement importées, principalement aux cannes d'Otahiti et n'ont point senti encore la nécessité de faire venir à grands frais les nombreuses variétés dont Maurice et Bourbon ont inondé leurs plantations.

En Cochinchine, on cultive la canne du pays, qui est de couleur verdâtre, peu sucrée et très ligneuse. On y a introduit quelques espèces de Bourbon, qui ont rapidement dégénéré. On préfère, malgré ses défauts, la canne du pays parce qu'elle est plus robuste et parfaitement en rapport avec le climat et les habitudes agricoles des Annamites.

CHAPITRE II

PARTIE BOTANIQUE

Famille. — Genre. — Espèce. — Description de l'espèce. — Mode de
reproduction. — Opinion erronée du voyageur Robert Bruce. —
Structure anatomique. — Cellules saccharifères. — Classification des
principales variétés.

FAMILLE. GENRE. ESPÈCE. — La canne à sucre fait partie de la
famille des graminées ; elle appartient à la tribu des *andropo-
gonées* et au genre *holcus*. — Espèce : *saccharum officinarum* ou
arundo saccharifera.

DESCRIPTION DE L'ESPÈCE. — C'est un roseau gigantesque de 3
à 4 mètres de hauteur, droit pendant les premiers temps de la
végétation, mais infléchi et couché au moment de la maturité.

Les *racines* sont fibreuses et latérales, grosses comme une
petite plume, s'étendant à 0^m,50 ou 1 mètre de rayon en tous
sens et ne pénétrant pas dans le sol à plus de 0^m,20 de
profondeur, ce qui donne à la plante peu de stabilité dans les
terrains meubles et l'expose à être renversée pendant les coups
de vent. L'ensemble des racines forme une souche constituée
par le prolongement de la tige qui se termine en pointe et se
recourbe en forme de crosse. C'est autour de cet axe que pren-
nent naissance les vraies racines, qui s'irradient ensuite en tous
sens.

La *tige* est cylindrique, de grosseur variant entre celle du
pouce (canne rotang) à celle du bras (canne éléphant de Cochinchine) ; elle est composée de nœuds et d'entre nœuds au nombre
de 40 à 80, très rapprochés chez les cannes mal venues, très
espacés au contraire chez celles qui sont vigoureuses et de qua-

lité supérieure. L'épiderme est lisse, plus ou moins épais et diversement coloré (jaune, verdâtre, rouge vineux, rayé longitudinalement) : il est couvert, principalement à la partie qui avoisine les nœuds, d'une matière blanche, pulvérulente, facile à détacher, la *cérosie*. Cette substance a pour formule $C^{24}H^{50}O$, et représente par sa constitution un alcool de la série grasse. Si ce produit était plus abondant et plus facile à recueillir on aurait pu l'utiliser pour l'éclairage.

Les *feuilles* sont alternes, engaînantes, larges à la base, longues de près d'un mètre, d'un vert plus ou moins foncé suivant les espèces. La nervure médiane est blanchâtre, bien accusée et canaliculée ; la base est couverte de poils aigus, disposés suivant le grand axe de la feuille et dirigés vers la pointe. Introduits sous la peau, ils provoquent des démangeaisons désagréables et souvent douloureuses.

A l'aisselle de chaque feuille existe un bourgeon ovoïde, de la grosseur d'un pois, recouvert d'une sorte de vernis protecteur et d'enveloppes superposées très résistantes. C'est ce qu'on appelle l'*œilleton*. Il est d'autant plus gros et mieux formé qu'il se trouve rapproché de la base. Vers le sommet, il est blanchâtre, applati, triangulaire. A côté de l'œilleton et tout autour de l'entre-nœud se trouvent deux ou trois rangées de petits mamelons qui donnent naissance aux racines, lorsque cette partie de la canne est exposée à des pluies trop abondantes, ou bien se trouve en contact avec la terre humide. A l'époque de la maturité complète de la canne, lorsque la hampe florale s'est desséchée et que la croissance en longueur de la tige est interrompue, il arrive souvent qu'après quelques jours de pluie les œilletons eux-mêmes se développent en même temps que les racines circulaires, constituant ce qu'on appelle des *ailerons*. Certaines espèces, la *maljou* et la *poudre d'or* principalement, sont sujettes, même avant maturité, à cet inconvénient qui détourne de la canne mère toute la sève sucrée pour en nourrir sa nombreuse progéniture.

Les *fleurs* sont portées sur un long pédoncule appelé *flèche*. Elles apparaissent de loin comme des panaches soyeux que le moindre vent agite. Elles sont composées d'une multitude de petits épis bi-flores poilus à la base ; la fleur intérieure est neutre et possède une seule écaille ; la fleur supérieure est hermaphrodite. Les étamines, au nombre de 3, sont insérées sur l'ovaire.

qui est sessile, glabre, infécond, surmonté de deux styles terminaux allongés et terminés par des stygmates plumeux.

La canne fleurit habituellement au bout de 12 à 15 mois; mais toutes les espèces ne fleurissent pas. Ce sont celles qu'on préfère parce qu'on peut les conserver plus longtemps dans les champs sans les couper. Contrairement à ce qui se présente chez plusieurs plantes sucrières, la betterave par exemple, la canne n'est pas mûre au moment de sa floraison; ce n'est qu'au bout de 3 mois, après que ce phénomène a eu lieu, qu'elle le devient complètement et qu'elle a atteint le maximum de sucre qu'elle peut contenir. Ce fait est anormal et semble même en contradiction avec les lois de la physiologie végétale : car la floraison consomme habituellement, chez les plantes, les réserves de sucre et de fécules accumulées dans les tiges et les racines. C'est ce qui a lieu, en particulier, pour la rivale de la canne, la betterave. Il est vrai que si la canne fleurit elle ne fructifie pas, puisque son ovaire est infécond.

Mode de reproduction. — La canne ne peut point se reproduire de graines, ainsi que nous venons de le voir. C'est l'œilleton qui remplace cet organe important. On doit le regarder comme un véritable œuf végétal. Pour reproduire la canne, on coupe la tige en tronçons et l'œilleton ne tarde pas à se développer sous l'influence des conditions nécessaires à la germination des graines et qui, dans tous les pays, exigent le concours de l'air, de la chaleur et de l'humidité.

Opinion erronée de Robert Bruce. — Dans nos colonies, dans l'Inde, en tous lieux, on plante la canne de bouture. Aussi le célèbre voyageur Robert Bruce commet-il une grave erreur quand il affirme avoir vu, en Egypte et dans l'Inde, faire des plantations à l'aide de *graines* de cannes.

La canne à sucre n'est, du reste, point le seul végétal, dans nos colonies, qui présente cette particularité. Les graines de la *vanille*, du *bananier*, celles de *l'agave americana* sont également infertiles, bien que leur fleur renferme tous les organes de la fécondation. Il est à remarquer, du reste, que les plantes qui, soit par suite d'une culture perfectionnée ou par toute autre raison, donnent naissance à des fleurs dépourvues de graines fertiles, se reproduisent toutes par boutures ou par bulbilles.

Les trois plantes que nous venons de citer en sont surtout un exemple frappant.

Lorsque la canne est abandonnée à elle-même, elle se couche naturellement sur le sol quand elle est mûre ; les œilletons, en contact avec la terre humide, s'enracinent rapidement et donnent naissance à de nouvelles tiges qui vivent d'abord aux dépens de la canne-mère, puis se développent dans les conditions ordinaires des autres végétaux.

STRUCTURE ANATOMIQUE DE LA CANNE. — Si l'on examine une tranche de canne mûre, coupée perpendiculairement à l'axe, on y remarque en allant du centre à la circonférence :

1° Une sorte de tissu médullaire, blanchâtre formant quelquefois un canal étroit surtout chez les vieilles cannes ayant passé maturité ;

2° Des cellules polygonales renfermant du sucre ;

3° Des faisceaux ligneux et vasculaires et de larges vaisseaux disséminés dans la masse du tissu cellulaire ;

4° L'écorce constituée par des faisceaux ligneux très serrés.

Les cellules saccharifères sont groupées comme des alvéoles d'abeilles autour des faisceaux ligneux. Sur une rondelle mince et sèche d'une canne mûre, on aperçoit très bien à l'œil nu la disposition anatomique que nous venons d'indiquer. On y voit aussi des cristaux de sucre cristallisable avec tous leurs caractères physiques fort reconnaissables.

Sur une coupe verticale faite le long d'une tige de canne, apparaissent les faisceaux fibreux très rapprochés les uns des autres, séparés par le tissu cellulaire et les vaisseaux.

Il existe des cannes plus tendres les unes que les autres ; ce sont les plus sucrées et les plus faciles à travailler. Mais elles sont plus délicates que les autres espèces. La *canne rouge d'Otahiti* peut passer pour le type par excellence de ces cannes peu chargées de faisceaux fibreux, mais très riche en tissu cellulaire et en sucre.

D'autres, au contraire, telles que la *canne guingham,* sont extrêmement ligneuses et résistantes et, par conséquent, ne renferment pas autant de jus sucré que la précédente. Mais on recherche les cannes de cette espèce à cause de leur plus grande vigueur et de leur rusticité.

Classification des cannes à sucre

On peut considérer, d'après M. C. Jacob de Cordemoy, toutes les variétés de cannes introduites dans nos colonies comme appartenant à trois espèces principales :

1° L'espèce la plus commune, le *saccharum officinarum*, qui a fourni à elle seule toutes les variétés connues ;

2° Le *saccharum violaceum*, canne à feuilles violacées désignée à Bourbon sous le nom de *canne noire*. Elle n'est peut-être qu'une variété du *saccharum officinarum*. C'est une canne courte, dure, ne fleurissant pas. Tige de 1ᵐ,30 au plus, de couleur pourpre, tachant les mains et les lèvres de ceux qui la mangent. Ses feuilles ont d'abord une couleur rose œillet délicat qui devient pourpre plus tard. Elle fut probablement introduite par Cossigny en 1782, à Maurice et Bourbon. On la cultive rarement, parce qu'elle est trop dure ;

3° Le *saccharum sinense*, appelé par Roxburgh *canne chinoise*, cultivé en Chine depuis un temps immémorial. Cette canne est petite, maigre, mais très résistante ; sa tige est couleur jaune brun pâle. Son principal caractère spécifique consiste dans la disposition de sa panicule qui diffère de celle du *saccharum officinarum* en ce qu'elle est ovale et dressée. Elle est assez répandue le long de la côte de Natal. Elle paraît inférieure à toutes celles que l'on cultive dans les colonies sucrières.

Les variétés de cannes appartenant à l'espèce la plus répandue, le *saccharum officinarum*, offrent entre elles des différences accusées sous le rapport de la taille, de la couleur de l'épiderme et des feuilles, de la proportion de sucre qu'elles renferment, de leur plus ou moins grande aptitude à s'acclimater. Le caractère qui permet le mieux de les classer, celui qui apparaît le plus facilement à l'œil de l'observateur, c'est celui qui se rapporte à la couleur de la tige. A ce point de vue, on peut les diviser en trois groupes principaux :

Les cannes blanches, jaunes ou verdâtres,

Les cannes rayées,

Les cannes rouges ou plus ou moins foncées.

Nous allons prendre quelques exemples appartenant à chacun de ces trois types et choisir parmi les cannes généralement répandues dans nos colonies.

PREMIER GROUPE

I. — CANNE BLANCHE

SYNONIMIE : *Saccharum Taitense* L.
                 Canne Batavia (Réunion),
                 Canne jaune (Maurice),
                 Canne Bourbon ou d'Otahiti (dans l'Inde et aux
                     Antilles),
                 Singapore cane,
                 Tibboo Leent (Singapour),
                 Tabor Otahiti (à Java).

Canne semi-dure, très longue, atteignant 5 à 6 mètres, ordinairement 3 mètres, le plus souvent couchée. Entre-nœuds mesurant 15 à 18 centimètres; couleur verdâtre, tirant sur le vert, teinte orangée sur la partie exposée au soleil. Fleurit en mai à Bourbon.

C'est cette canne magnifique, originaire d'Otahiti, disent les uns, de Madagascar, disent les autres, qui fit pendant de longues années la fortune de Bourbon et de Maurice. En 1840, elle fut atteinte d'une maladie qui obligea les planteurs à l'abandonner complètement pour d'autres variétés.

II. — CANNE DU BENGALE

Cette canne vient de Calcutta. Elle ressemble beaucoup à la précédente, mais sa tige est moins longue et elle a l'inconvénient d'être très recherchée par le Borer.

III. — CANNE PINANG

SYNONIMIE : *Canne chinoise* (à Bourbon),
                 Tibboo cappor (à Singapore et Malacca).

Cette canne, assez tendre, à écorce mince, est de couleur verte; mais toute la surface de la tige et principalement le pourtour des nœuds sont couverts de cérosie d'un gris brun sale. C'est ce qui lui a valu, de la part des Malais, le nom de canne crayeuse, canne à écorce poudreuse. L. Wray la désigne sous le nom de canne de Salangore et la considère comme la meilleure espèce cultivée dans les Détroits, et même, dit-il, dans le monde entier. A Bourbon et à Maurice, on est loin de partager cette opinion.

La canne dite de la Martinique paraît être une sous-variété de la canne Pinang.

IV. — Canne créole, canne du pays

Cette canne fut trouvée à Maurice et à Bourbon par les premier colons qui s'y établirent. Elle fut probablement introduite de Madagascar. Elle est courte, très tendre, très sucrée. Elle est préférée par les mangeurs de cannes. Elle n'est pas assez avantageuse pour l'industrie.

V. — Canne Diard verte et rose,

Ces deux variétés, qui sont très communes dans les détroits, se sont très bien acclimatées à Maurice où elles ont été classées comme des cannes de premier mérite. Elles sont un peu renflées dans les entre-nœuds et fendues longitudinalement sur la tige. Elles prospèrent bien dans les sols maigres et sablonneux. La première est connue sous les noms de *Tibbo Balavee* dans les Détroits, de *Tabor Japara Bal* à Java et *Heavy Cane* en Australie.

VI. — Canne bambou

Très belle canne, dont la tige présente une couleur formée d'un mélange de jaune, de vert pâle et de rose. Elle acquiert un magnifique développement dans les bons terrains et donne des repousses très vigoureuses. Elle paraît être originaire du Bengale; les natifs la désignent sous le nom de *Kulloa*. Cette canne fleurit.

On peut encore faire entrer dans ce premier groupe la *canne éléphant, grosse canne de Cochinchine* et un certain nombre de variétés provenant de la Nouvelle-Calédonie telles que : *la Tamarin, la Socrate, la Ribonne,* etc., etc.

DEUXIÈME GROUPE

1. — CANNE GUÏNGHAN

SYNONIMIE : *Canne d'Otahili rayée.*
Canne à ruban d'Otahili.
Canne Maillard (Maurice).
Tobar Socrat (Java).
Otaheite ribbon cane (Wray).

Cette canne a les plus grands rapports comme force, dimensions et qualités avec la canne bambou. Elle fleurit et peut atteindre jusqu'à 5 et 6 mètres. Elle donne un vesou très riche et facile à travailler. Mais en raison de son grand développement, c'est une des cannes qui épuise le plus le sol.

Sa tige est extérieurement d'un fond jaune sur lequel tranchent des raies ou bandes longitudinales d'un violet rougeâtre très régulièrement espacées.

On connaît une sous-variété désignée sous le nom de *guinghan bâtarde*, qui ressemble beaucoup à la précédente, mais qui lui est bien inférieure. Elle est originaire de Java.

Une autre canne, la *canne diard rayée*, ressemble à s'y méprendre à la *canne guinghan*; elle en diffère en ce qu'elle ne fleurit pas et que la couleur de sa tige offre des teintes plus fondues. Elle est originaire de Batavia où on la connaît sous le nom de *canne à rubans*, ou *canne transparente*. Elle passe pour une bonne espèce de canne. A ce groupe appartiennent la plupart des cannes introduites récemment à Maurice et à Bourbon et venant de la Nouvelle-Calédonie :

La canne *tsiambo,*
   —   *mapou rayée,*
   —   *calédonnienne rayée,*
   —   *scavanjérie,*
   —   *poudre d'or rayée*
   —   *mignonne rayée,*
   —   *tambiaba,* etc., etc.

TROISIÈME GROUPE

CANNE ROUGE

SYNONYMIE : *Canne d'Otahiti* à Bourbon,
Canne belouguet à Maurice,
Canne pourpre de Batavia dans la plupart de
nos colonies,
Purple violet canne (Wray),
Tibboo Etam dans les détroits,
Tabor ireng à Java.

C'est la canne qu'on estimait le plus autrefois à Bourbon.
Elle se développait admirablement dans cette colonie. Aujourd'hui elle est malade et tend à disparaître comme tant d'autres
espèces. Elle était rustique, vigoureuse, tendre, riche en jus et
donnait des rendements magnifiques.

A ce groupe appartiennent :

La *bois rouge blonde*,
La *canne reine-rouge*,
— *port-michel*,
— *mapou rouge*, etc., etc.

CHAPITRE III

PARTIE CHIMIQUE

COMPOSITION DE LA CANNE A SUCRE. — Différences de composition suivant les espèces, les climats, le point de maturité, la partie de la canne examinée. — Cannes vierges, cannes de repousse. — Composition des sels de la canne. — Cendres des tiges et des feuilles.

VESOU. — Nature des éléments qu'il renferme. — Rôle qu'ils jouent dans l'acte de la fermentation. — Principes protéiques. — Altération du vesou. — Densité. — Aréomètres. — Rapport entre la richesse en sucre du vesou et la densité.

DIFFÉRENTES ESPÈCES DE SUCRES CONTENUS DANS LA CANNE. — Sucre cristallisable, sucre incristallisable, sucre interverti. — Leurs propriétés physiques et chimiques. — État primitif du sucre dans la canne. Théories diverses.

Composition de la canne à sucre

Une tige de canne à sucre, en pleine maturité, dépouillée de ses feuilles contient d'après Payen :

Eau	71.04
Sucre cristallisable	18.02
Ligneux	9.56
Albumine et autres matières azotées	0.55
Matières résineuses grasses et colorantes	0.35
Sels minéraux	0.48
	100.00

Ce qui représente, en résumé :

Jus sucré. 90.44
Ligneux. 9.56

Si l'on considère la canne à sucre toute entière, tige et feuilles comprises (ces dernières représentant environ 30 0/0 du poids de la canne), sa composition sera la suivante, d'après le même chimiste :

Eau.	75.000	
Sucre.	15.000	99.535 matières organi-
Ligneux.	9.415	ques contenant
Azote	0.090	15 % de carbone.
Potasse	0.086	
Acide phosphorique..	0.031	
Chaux	0.041	0.465 matières minérales
Magnésie	0.043	
Silice et divers	0.264	

Cette dernière analyse est surtout très utile pour les habitants, en ce qu'elle leur permet de calculer facilement la quantité de substances azotées, carbonées et minérales qu'une récolte de cannes peut enlever au sol.

Différence de composition suivant les espèces cultivées et les climats. — L'analyse de la canne par Payen est pour ainsi dire l'analyse classique ; elle a été faite sur des tiges de cannes envoyées de la Martinique et choisies spécialement en vue des recherches auxquelles elles allaient être soumises. Payen n'y a pas trouvé de sucre incristallisable ; mais c'est là une exception. Toutes les cannes en renferment plus ou moins surtout les cannes d'habitation destinées à la manipulation.

La canne a une composition très variable suivant les espèces et les lieux où elle est cultivée. Pour s'en convaincre, il suffit de jeter les yeux sur le tableau suivant qui indique les analyses de 13 espèces différentes de cannes plantées à la même époque sur le champ d'expériences de la Station agronomique de la Réunion, et récoltées au bout de 20 mois. Dans ces cannes, la proportion de sucre cristallisable peut être comprise entre 13 et 21 0/0 et celle du sucre incristallisable entre 0,07 et 1.48.

ESPÈCES DE CANNES	EAU	Ligneux	Sucre cristallisab.	Sucre incristallis.	Matières organiques	SELS
C. Tamarin	69.20	9.60	19.88	0.07	0.71	0.54
C. Bois rouge blonde .	68.56	9.20	21.03	0.10	0.53	0.58
C. Poudre d'or	68.60	9.70	20.05	0.07	0.74	0.84
C. Pinang	69.00	11.00	18.58	0.10	0.85	0.47
C. Mapou striée	69.30	10.60	18.40	0.20	0.80	0.70
C. Guinghan	69.20	10.80	18.25	0.28	0.89	0.58
C. Rouge d'Otahiti . .	70.40	8.80	18.67	0.88	0.62	0.63
C. Scavanjerie	70.28	9.00	19.16	0.29	0.75	0.58
C. Diard	77.60	6.20	13.32	1.14	0.86	0.58
C. Reine rouge	76.80	7.40	12.95	1.48	0.74	0.63
C. Eléphant	76.80	7.20	13.24	1.48	0.63	0.63
C. Tsiambo	69.60	9.50	18.28	1.04	0.89	0.49
C. Ribonne	75.40	8.20	14.13	0.67	0.70	0.90

En ne tenant compte, dans le tableau précédent, que des 7 premières cannes, qui représentent réellement les espèces les plus communément cultivées à Bourbon, les 6 autres ayant été jugées trop inférieures pour être l'objet d'une culture, la composition moyenne des cannes de cette colonie sera exprimée par :

Eau 69.35
Ligneux 9.95
Sucre cristallisable 19.01
Sucre incristallisable 0.34
Matières organiques (en bloc) 0.75
Sels minéraux 0.60
———————
100.00

Il résulte, d'autre part, des nombreuses analyses auxquelles M. Icery s'est livré sur les cannes de Maurice que celles-ci peuvent être considérées comme ayant la composition moyenne suivante :

Eau 69.73
Sucre total 19.11
Ligneux 10.54

Dans les localités sèches, la canne est plus petite, plus fibreuse et plus sucrée; dans les localités humides, elle est plus gorgée d'humidité, moins riche en sucre cristallisable, mais plus chargée de glucôse. Dans ce derniers cas, la canne est toujours en végétation ; et alors, quel que soit son état de maturité, elle contient toujours une forte proportion de sucre incristallisable. En général, les cannes qui en renferment le plus sont celles qui ont la tige la plus grosse, les feuilles les plus larges et les plus vertes, et aussi celles qui sont venues trop rapidement et qu'on désigne sous le nom de *cannes folles* ou *babas*.

Les cannes de la Guadeloupe paraissent être moins riches que les cannes de Maurice et de la Réunion. Ce résultat ne tiendrait-il pas à ce que les habitants des Antilles coupent leurs cannes à 15 ou 16 mois au lieu de les laisser sur pied jusqu'à 20 mois?

D'après les analyses de M. Félix Vandesmet, faites sur 10 échantillons différents, la moyenne de la richesse des cannes serait la suivante :

		ÉCARTS	
Eau	73.25	— 71.80	75.49
Ligneux	10.10	— 8.91	13.47
Sucre cristallisable	15.43	— 13.59	18.07
Sucre incristallisable	0.33	— 0.16	0.67
Matières organiques	0.51	— 0.17	1.16
Sels	0.35	— 0.23	0.54
	100.00		
Degré Baumé des Vesous	10°19	8°3	— 11°8

Les cannes de Bourbon, de Maurice, de la Nouvelle-Calédonie, cultivées dans de bonnes conditions climatériques, et situées dans des régions modérément arrosées, sont les plus riches en sucre. Celles des Antilles leur sont inférieures. Les cannes de la Guyane, de la Cochinchine, de Mayotte et de Nossi-Bé, plantées presque toujours dans des terrains marécageux et sous un climat très humide, sont peu riches, donnent des vesous qui ne dépassent pas 8° à 9° Baumé et des sucres très chargés de glucôse.

Composition de la canne a ses divers degrés de maturité.
— Prise à ses différentes périodes de végétation, la canne offre
de grandes variations dans sa teneur en sucre cristallisable
et incristallisable ainsi que dans la proportion des matières
organiques et des sels minéraux qu'elle contient.

Voici les résultats constatés à la Station agronomique de la
Réunion pour les deux premiers éléments, sur une canne de la
variété *bois rouge blonde* :

âge		sucre cristallisable	sucre incristallisable
10	mois	11.21	3.01
13	do	12.44	2.55
15	do	15.15	1.05
16	do	16.25	0.36
18	do	20.65	0.22
20	do	21.03	0.07

Le tableau inséré à la page 53 indique la composition de la
canne, à différentes époques, au point de vue organique et
minéral.

Composition de la canne dans les diverses parties de la tige.
— Le sucre et les divers autres éléments de la canne sont très
différemment répartis entre la base et l'extrémité d'une même
tige : c'est le milieu et la partie basse qui sont le plus riches
en sucre.

	bout blanc 0^m10	partie supérieure 0^m75	milieu 1^m10	bas 0^m55
Sucre cristallisable . .	3.80	13.37	18.09	18.59
Sucre incristallisable .	1.33	0.81	0.16	0.14
Eau.	84.05	76.80	70.12	68.92
Ligneux.	9.33	9.51	10.71	11.55
Matières organiques . .	0.33	0.25	0.32	0.30
Sels.	0.48	0.47	0.30	0.50
	100.00	100.00	100.00	100.00
Degré Baumé du jus. .	5°7	9°3	11°6	12°

Sucre différemment réparti dans la portion corticale,
nodale et médullaire. — L'écorce, les nœuds et la partie tendre
de la canne ne renferment pas la même quantité de sucre.

La portion nodale en renferme 12.10 0.0
La portion corticale   d° 17.90
La portion interne et médullaire 18.40

CANNES VIERGES ET REJETONS. — D'après Péligot, il y aurait une différence accusée entre la richesse saccharine des cannes vierges et celle des repousses.

Cannes vierges 17.2
1ᵉˢ rejetons 17.0
2ᵉˢ rejetons 16.4
3ᵉˢ rejetons 16.0

Pour nous, l'observation que nous avons faite à cet égard nous a conduit à conclure que les rejetons donnent moins de jus que les cannes vierges, parce qu'elles sont généralement plus sèches; mais leur vesou contient tout autant de sucre que celui des cannes vierges, lorsqu'elles sont arrivées à maturité dans de bonnes conditions.

COMPOSITION DES SELS MINÉRAUX DE LA CANNE. — Nous avons vu, par l'analyse de Payen et par les autres analyses faites par différents chimistes, que la proportion de sels minéraux contenus dans 100 parties de cannes pouvait être évaluée à 0, 50 environ. L'analyse complète de ces sels a été faite par Stenhouse, Paruit, d'Esméry, G. Ville. Nous allons donner celles qui ont eu pour objet les cannes des Antilles, de la Guyane, de Maurice et de Bourbon.

	CANNES DES ANTILLES ET DE LA GUYANE			CANNES DE MAURICE ET DE BOURBON		
	minima	maxima	moyenne	minima	maxima	moyennes
Potasse	7.46	32.93	19.69	11.87	27.32	19.59
Soude	0.57	1.64	1.10	1.03	5.43	3.23
Chaux	2.81	14.36	8.71	4.45	13.07	8.76
Magnésie	3.66	16.61	10.13	3.65	15.53	9.59
Chlorure de potassium	3.27	16.06	9.16	1.02	8.85	4.93
D° de sodium .	1.69	17.12	9.40			
Acide sulfurique . . .	1.93	10.94	5.93	4.56	10.92	7.74
D° phosphorique .	2.90	13.04	7.97	3.75	8.16	5.95
Silice	17.64	54.59	36.06	40.85	46.24	43.54

DIFFÉRENCES DE COMPOSITION ENTRE LES CENDRES DE TIGE ET LES CENDRES DE FEUILLES DE CANNE. — Il y a une distinction importante à faire au point de vue agricole entre les cendres ou sels minéraux des *feuilles* et celles des *tiges*, afin de pouvoir établir rigoureusement les pertes que subit le sol après l'enlèvement d'une récolte de cannes, suivant que les feuilles ont été laissées sur le champ ou ont été enlevées pour servir de combustible. Leur quantité en poids et leur composition diffèrent considérablement, ainsi qu'il résulte de l'analyse suivante faite au laboratoire de la Station agronomique de la Guadeloupe.

Poids de cendres pour 100 de feuilles fraîches . . . 1.77	Poids de cendres pour 100 de tiges fraîches 0.48
—	—
Acide phosphorique . . 1.27	. . . . 6.66
Potasse 13.40	. . . . 9.65
Magnésie 2.72	. . . . 7.74
Chaux 9.04	. . . . 6.44
Alumine, fer, etc. . . . 11.47	. . . . 28.01
Silice 62.10	. . . . 41.50
100.00	100.00

Jus sucré de la canne ou vesou

Dans le langage colonial, on appelle *vesou* le jus sucré qu'on extrait de la canne en la pressant entre les cylindres d'un moulin, et *bagasse* la partie de la canne écrasée qui reste comme résidu de la pression.

PROPORTION NORMALE DE VESOU CONTENUE DANS LA CANNE. — La proportion de vesou contenue dans les cannes mûres varie, suivant les espèces, entre 85 et 92 0/0 ; la moyenne est de 90 0/0 environ.

Le jus d'une canne mûre et saine, exprimé avec précaution à l'aide d'une presse de laboratoire, se présente sous l'aspect d'un liquide légèrement coloré en brun, limpide, d'une odeur agréable et aromatique, d'un goût franchement sucré, et à réaction faiblement acide.

Composition du vesou. — Sa composition ordinaire est la suivante :

Humidité 81.00
Sucre total 18.36
Sels minéraux. 0.29
Matières organiques. . . . 0.35
——————
100.00

La proportion du sucre incristallisable est comprise entre 0,07 et 0,10 au minimum.

Les substances minérales du vesou renferment pour 100 parties, d'après le Dr Icery.

Potasse et soude 18.33
Chaux 8.34
Oxyde de fer 1.99
Alumine, magnésie et acides combinés . . . 59.36
Silice 11.48
——————
100.00

Les matières organiques sont constituées par de la *cérosie*, une *matière colorante jaune, rouge* ou *verte*, des *substances grasses et résineuses*, une *huile essentielle* à odeur agréable qui donne au sucre de canne son arôme particulier, et par des *matières albuminoïdes*, dont nous allons parler tout à l'heure et qui jouent un rôle prépondérant dans les diverses modifications que subit le vesou, après son extraction de la canne.

Nature et rôle des éléments contenus dans le vesou. — Le vesou fermente rapidement quand on l'expose à l'action de l'air pendant quelques heures. Il ne tarde pas ensuite à se troubler et à devenir lactescent. Il subit d'abord la fermentation alcoolique, puis acétique ; quelquefois la fermentation devient lactique et visqueuse. La cause de ces transformations est due, d'après le Docteur Icery, à la présence de certaines matières organiques qui sont au nombre de trois dans le vesou:

1° *Une matière granulaire*, constituée par des corpuscules de 3 à 5 dix-millièmes de millimètre, formés d'un noyau demi-fluide et d'une enveloppe mince, solide, qui provient de la canne. Pour 100 parties de vesou, on en trouve ordinairement 0,100. Cette matière est l'agent principal de la fermentation alcoolique ;

2° *Une matière albuminoïde* coagulable par la chaleur à 80° ;

3° *Une matière albuminoïde*, non coagulable par la chaleur, mais coagulable par l'alcool à 90°, elle se présente sous l'aspect d'une matière blanche, amorphe, déliquescente qui rend l'eau sucrée trouble et visqueuse. Elle se trouve en quantité considérable dans les mélasses et les sirops, et c'est elle, en partie, qui s'oppose à la cristallisation du sucre. Ces deux dernières substances donnent naissance à des produits acides et quelquefois à une sorte de fermentation visqueuse qui rend le vesou gélatineux. Nous avons souvent constaté ce phénomène sur des vesous provenant de cannes plantées dans des localités très humides et marquant 12° à 13° Baumé. Pour 100 parties de vesou, on compte 0,27 de matières albuminoïdes.

Quand on filtre immédiatement du vesou sur du papier Joseph qui en sépare la matière granulaire, le jus de la canne peut se conserver 24 heures sans altération.

Soumis à l'action de la chaleur qui coagule une partie de l'albumine, puis filtré, il se conserve deux jours.

Si l'on traite ce même vesou par de l'alcool à 90° ou du sousacétate de plomb, il pourra se conserver presqu'indéfiniment.

La connaissance de ces faits offre un très grand intérêt et est susceptible de recevoir de nombreuses applications dans la pratique.

Vesou d'usine. — Quand le vesou, au lieu d'être extrait avec soin dans le laboratoire, provient de l'écrasement des cannes au moulin de l'usine, il offre un tout autre aspect que celui dont nous venons de parler. C'est un liquide laiteux, trouble, souillé de terre et d'impuretés de toutes sortes. Plus la pression du moulin a été forte, plus le vesou est trouble et chargé de sels et de matières albuminoïdes qui proviennent de l'écrasement des nœuds de la canne.

De plus, ce vesou est toujours fortement acide et contient plus ou moins de sucre incristallisable. D'après les nombreuses analyses que nous avons faites dans les usines de la Réunion, il résulte que le vesou peut être considéré comme renfermant de 17 à 18 0/0 de sucre cristallisable et 0,30 à 0,60 de sucre incristallisable.

Densité du vesou. — Aréomètres. — Dans les usines colo-

niales on prend habituellement la densité du vesou au moyen
d'un aréomètre de Baumé à courte tige et grossièrement cons-
truit. Bien que les indications de cet instrument ne soient pas
d'une précision rigoureuse, on se contente néanmoins de celles
qu'il donne. Et l'expérience prouve que si du vesou marquant
7°, 8°, 9° est pauvre en sucre, en revanche celui qui marquera
10°, 11°, 12° (1), peut être considéré comme riche. C'est à cela
que se borne habituellement le rôle de cet instrument dans les
usines.

En employant un aréomètre plus délicat, dont la graduation
en dixièmes de degré sur une longue tige ne donnerait que des
indications comprises entre 6° et 13°, en laissant le vesou reposer et déposer toutes ses impuretés avant d'y plonger l'instrument, en agissant à la température moyenne de 25°, on réalise-
rait évidemment de meilleures conditions d'observation que
celles qui existent ordinairement. Et c'est là un progrès à
désirer dans toutes les usines qui veulent se rendre compte
de leur fabrication.

Relations entre la richesse saccharine des vesous et le
degré aréométrique. — Est-il possible d'établir une relation
étroite entre les indications fournies par un bon aréomètre de
Baumé et la proportion de sucre que contient un vesou? En un
mot, l'aréomètre de Baumé ou tout autre densimètre approprié
à cet usage peut-il servir à connaître *exactement* la quantité de
sucre que renferme un vesou?

Si le vesou n'était que de l'eau sucrée chargée d'environ
1 0/0 de sels et de matières organiques, comme nous l'avons vu
en parlant du jus sucré de la canne provenant de cannes mûres
choisies pour l'analyse, la chose serait possible. Mais les vesous
d'usine sont loin d'être aussi purs que les vesous de laboratoire.
Ils marquent souvent 8°, 9°, 10° Baumé; et, à ces densités, ils
renferment, en outre du sucre cristallisable et incristallisable,
d'autres substances solubles qui agissent également sur l'aréo-

---

(1) Il est des vesous pesant 12° et 13° Baumé qui ne renferment presque pas de sucre cristallisable. Ils proviennent de cannes à végétation
anormale, plantées dans des localités humides ou des terres trop riches
en matières organiques. Ce sont ces vesous qui donnent des produits visqueux et gommeux.

mètre. On se tromperait donc grossièrement si l'on voulait appliquer à la recherche de la densité des vesous, des instruments qui n'auraient été gradués qu'à l'aide de solution contenant du sucre pur et de l'eau distillée.

Mais, en ayant recours à l'expérience directe et en prenant pour base les observations obtenues à la suite de nombreuses analyses pratiquées sur des vesous d'usine, ainsi que l'a fait M. Icery et que nous l'avons fait nous-même, on peut arriver à dresser des tables où, en regard du degré donné par un bon aréomètre gradué en dixièmes de degré et opérant à la température de 25°, se trouvent les proportions correspondantes de sucre cristallisable par litre et kilogramme de vesou, par barrique et hectolitre. Dans ces conditions là, le dégré aréométrique fournit à l'habitant des indications qui peuvent suffire au point de vue purement industriel et qui représentent une moyenne suffisamment exacte.

Ainsi, par exemple, à la Réunion et à Maurice la moyenne de la densité des vesous étant de 10°50 la proportion de sucre correspondante, indiquée par la table dressée par le Dr Icery, est de 187 gr. par kilo de jus ou 18. 70 °/₀. Ce chiffre est très rapproché de la vérité.

Au tableau dressé par M. Icery, nous avons ajouté 2 colonnes dans lesquelles sont calculés les rendements industriels en sucre brut du type bonne 4°, par barrique et hectolitre de vesou correspondant à chaque degré de l'aréomètre de 8° à 12°. Nous avons pris comme base le rendement moyen des usines de la Réunion, qui est habituellement de 75 livres de sucre par barrique de vesou de 223 l. 50 ou 16 k. 77 par hectolitre de jus à 10°50. Les chiffres portés dans ce tableau n'ont, nous le répétons, qu'une valeur tout à fait relative ; mais ils peuvent néanmoins donner quelques renseignements utiles aux habitants.

TABLEAU DONNANT LA QUANTITÉ DE SUCRE D'UN VESOU, EN POIDS ET EN VOLUME CORRESPONDANT A CHAQUE DEGRÉ DE L'ARÉO-MÈTRE.

ARÉOMÈTRE DIVISÉ En 10me de degré t° = 25°	GRAMMES DE SUCRE		QUANTITÉ THÉORIQUE DE SUCRE		RENDEMENT INDUSTRIEL ORDIN.	
	POUR 1 LIT. DE VESOU	POUR 1 K. DE VESOU	PAR BARRIQUE de Vesou de 223 l. 50	PAR HECTOLITRE DE VESOU	PAR BARRIQUE DE VESOU	PAR HECTOLITRE DE VESOU
4°	28 gr.	26 gr.	6k25	2k08	»	»
5.	49	48	10.95	4.90	»	»
6.	78	74	17.43	7.80		»
6.25	85	79	»	8.50		»
6.50	91	86	»	9.10		
6.75	98	92		9.80		
7.	105	99	23.43	10.50		»
7.25	111	105		11.10		»
7.50	118	111		11.80		»
7.75	124	117		12.40		»
8.	131	123	29.25	13.08	21k00	9k39
8.25	137	129	30.62	13.70	22.50	10.07
8.50	144	135	32.18	14.44	24.00	11.19
8.75	152	142	33.97	15.19	26.00	11.63
9.	159	149	35.53	15.89	27.50	12.30
9.25	165	155	36.87	16.50	28.50	12.75
9.50	172	161	38.44	17.20	30.50	13.64
9.75	180	167	40.23	18.00	32.00	14.31
10.	188	174	42.01	18.80	34.00	15.21
10.25	196	180	43.80	19.60	35.50	15.88
10.50	204	187	45.50	20.40	37.50	16.77
10.75	211	194	47.15	21.10	39.00	17.45
11.	217	200	48.50	21.70	40.50	18.12
11.25	226	206	50.51	22.60	42.50	19.01
11.50	230	211	51.40	23.00	43.50	19.41
11.75	237	216	52.93	23.70	44.50	19.90
12.	244	227	60.00	24.40	46.00	20.58

Différentes espèces de sucres
contenus dans la canne et le vesou

La canne à sucre renferme, en plus ou moins grande quantité, suivant l'état de développement de la plante ou la partie de la tige examinée, deux sortes de sucres doués de propriétés bien différentes :

1° du *sucre cristallisable* ou *saccharose ;*

2° du *sucre incristallisable, interverti* ou *lévulôse.*

SUCRE CRISTALLISABLE. — Le sucre cristallisable ($C^{12}H^{11}O^{11}$) se rencontre tout formé non seulement dans la canne, mais encore dans la betterave, le maïs, le sorgho, l'érable, l'ananas, etc. C'est dans la canne mûre que l'on trouve la plus forte proportion de ce sucre qui a reçu, du reste, le nom de sucre de canne.

Il cristallise en prismes rhomboïdaux obliques.

Il faut 33 parties d'eau froide pour dissoudre 100 parties de sucre.

— 15 — bouillante —

Le sucre est insoluble dans l'éther, l'alcool absolu froid ; il se dissout un peu dans l'alcool absolu bouillant et l'alcool à 85°.

Il dévie à *droite* le plan de la lumière polarisée. Il se combine avec la chaux, la baryte, le sel marin et forme des sucrates plus ou moins solubles dans l'eau ; avec le dernier corps, il donne lieu à un sel double très déliquescent, connu sous le nom de *sel de Calloud.*

Une dissolution de sucre de canne mélangée à la liqueur bleue de Féhling, Bareswill ou Violette (liqueur cupro-potassique) ne produit aucun précipité jaune ou rouge ni aucune décoloration de la liqueur:

Le sucre de canne ne fermente pas directement. Il a besoin auparavant de se transformer en glucôse ou en sucre interverti, sous l'influence d'un ferment tel que la levûre de bière ou des acides faibles.

Soumis à une longue ébullition dans l'eau, il se transforme en partie en glucôse.

Le sucre de canne fond à 160°, en un liquide épais, transparent, qui se change, par le refroidissement, en une masse amorphe, vitreuse (*sucre d'orge*). De 190° à 220°, le sucre perd de l'eau et se transforme en *caramel.*

SUCRE INCRISTALLISABLE. — Le *sucre incristallisable* ou *lévulôse* ($C^{12}H^{12}O^{12}$), se rencontre principalement dans les fruits acides, la sève de quelques végétaux et les parties de la canne qui sont encore couvertes de feuilles et n'ont pas été exposées à la lumière. Les cannes mûres et les vesous qui en proviennent en renferment toujours une minime proportion.

Ce sucre diffère du premier par bien des points. Il dévie à *gauche* le plan de la lumière polarisée. Il fermente directement et se dédouble alors en acide carbonique et en alcool :

$$C^{12} H^{12} O^{12} = 2 C^4 H^6 O^2 \text{ (alcool)} + 4 CO^2 \text{ (acide carbonique)}.$$

180 parties de sucre incristallisable peuvent produire 92 parties d'alcool absolu.

Chauffé avec de la potasse ou de la chaux, sa dissolution devient brune. Versé goutte à goutte dans une petite quantité de liqueur de Féhling, de Bareswill ou de Violette bouillante, il la précipite en jaune rougeâtre.

Il est très soluble dans l'eau et l'alcool. Ce sucre incristallisable se modifie au bout d'un certain temps et se change, en partie, en *glucôse* ou *sucre de raisin*, sucre possédant les mêmes propriétés chimiques que lui, mais différant de la *lévulôse* par sa propriété de cristalliser. Aussi a-t-il été considéré comme un composé de glucôse et de lévulôse.

Tandis que le sucre de canne et la lévulôse ne se rencontrent exclusivement que dans le règne végétal , le glucôse existe tout à la fois dans le règne animal et végétal. On le trouve, en effet, dans le jus du raisin, dans le miel et les urines diabétiques.

Comparé au sucre de canne, le sucre interverti représente un composé analogue au premier, sauf une molécule d'eau en plus.

$$C^{12} H^{11} O^{11} + H O = C^{12} H^{12} O^{12}$$

$$\text{Si l'on prend les équivalents} \begin{cases} C = 6 \\ H = 1 \\ O = 8 \end{cases}$$

L'équivalent du sucre de canne sera représenté par 171 gr.
Celui du sucre interverti. 180
D'où il découle que 1 gramme de sucre incristallisable équivaut en sucre cristallisable à. 0, 95
et que 1 gramme de sucre cristallisable équivaut à 1,052
de sucre incristallisable.

Etat primitif du sucre dans la canne

Plusieurs théories ont été émises pour expliquer la formation du sucre dans la canne.

Première théorie. — La première consiste à supposer que, dès le début de la végétation, la canne ne renferme que de l'amidon. Ce n'est que sous l'influence de la lumière et des rayons solaires que l'amidon se transformerait en sucre en fixant un molécule d'eau.

Amidon $C^{12} H^{10} O^{10} + H O = C^{12} H^{11} O^{11}$ sucre cristallisable.

Deuxième théorie. — Une seconde théorie plus scientifique et plus vraisemblable tendrait, au contraire, à faire provenir le sucre cristallisable du sucre incristallisable par voie de déshydratation.

Glucôse $C^{12} H^{12} O^{12} - H O = C^{12} H^{11} O^{11}$ sucre cristallisable.

Comme les feuilles et tous les organes tendres des végétaux renferment de fortes proportions de glucôse et que ce principe immédiat s'y trouve abondamment répandu, ainsi que l'ont prouvé les recherches de MM. G. Ville, Dehérain, etc., cette manière de voir serait très plausible.

Troisième théorie. — Enfin, d'après d'autres chimistes, l'acide carbonique de l'air absorbé par les feuilles de la canne à sucre serait réduit sous l'influence des rayons solaires ; l'oxygène s'étant dégagé, le carbone entrerait en combinaison avec l'hydrogène et l'oxygène de l'eau, pour former tout d'abord des acides oxalique, acétique, citrique, tartrique, etc., mais la réduction continuant par l'effet de la lumière solaire les acides disparaîtraient pour faire place au sucre et aux substances neutres.

Quand on examine une tige de canne, quelque tendre et jeune qu'elle soit, on y rencontre toujours du sucre cristallisable et du sucre incristallisable, le premier en proportion plus forte que le second. Au fur et à mesure que la canne grandit et approche de sa maturité, le sucre cristallisable augmente et le sucre incristallisable diminue jusqu'au point de disparaître presque complètement.

Mais si la canne n'est pas coupée à ce moment-là et qu'elle vienne, soit à dépasser sa maturité, soit à entrer de nouveau en végétation, alors un phénomène inverse du précédent se produit ; le sucre cristallisable diminue considérablement et est remplacé par des proportions de plus en plus grandes de sucre incristallisable.

Ainsi, on peut dire que les causes de la production du sucre incristallisable dans la canne sont : une végétation trop active, l'absence de lumière, l'abondance des pluies, un sol trop humide ou trop riche.

La formation du sucre cristallisable est en rapport, au contraire, avec la maturité de la plante, la sécheresse du sol et de l'atmosphère, et un grand excès de lumière solaire.

CHAPITRE IV

PARTIE AGRICOLE

Climat

La canne à sucre étant originaire de l'Inde et de l'Asie orientale, exige un climat chaud, modérément humide, avec intervalles de chaleur sèche. Elle aime les brises de mer à cause des particules salines qu'elles charrient sur les champs pour en augmenter la fertilité.

Zônes de culture. — La canne se cultive dans un grand nombre de régions bien différentes sous le rapport du climat et de la température. On la trouve dans le Midi de l'Europe, en Andalousie et dans les environs de Malaga jusqu'au 37° de latitude sud ; — dans la Louisiane, aux Etats-Unis, entre le 34° et le 35° ; — dans toute l'Amérique centrale et méridionale ; — en Afrique jusqu'au 30° ; — en Egypte, dans l'Inde, l'Indo-Chine, les Iles de la Sonde, en Océanie et dans la plupart de nos colonies.

Température moyenne la plus favorable pour la canne. — La température moyenne de toutes ces contrées varie entre 17° et 30° de chaleur. Mais la température moyenne qui convient le mieux à la canne est celle qui se maintient dans les environs de 25°.

Comme la canne demande 18 à 20 mois pour accomplir toutes les phases de sa végétation, il s'ensuit que la somme de degrés calorifiques nécessaires à cette plante pour arriver à maturité varie entre 13300° et 13000°.

Pluie. — La quantité moyenne de pluie qui semble la plus avantageuse à la canne est de 1m.500 en hauteur annuelle, répartie entre 90 à 100 jours de pluie, dont 1,150 millimètres pendant l'hivernage et 350 millimètres pendant la saison sèche. La canne vient très bien également dans des contrées où il

tombe annuellement 3 mètres de pluie, comme certains points de
la Réunion, la Guyane ; de même elle pousse également dans
d'autres pays où il ne tombe guère plus de 0^m,700 de pluie. Mais
dans le premier cas, la canne est toujours en végétation et ne
mûrit jamais complètement, tandis que dans le second on est
obligé de l'irriguer souvent.

INFLUENCE DE L'HUMIDITÉ, DE LA LUMIÈRE, DES VENTS ET DES
CYCLONES. — L'état hygrométrique de l'air, la lumière solaire,
les vents, les orages, les cyclones exercent une influence considérable sur la végétation de la canne. L'humidité relative de
l'atmosphère doit atteindre au moins une moyenne de 70. La
lumière solaire favorisant l'évaporation doit être modérée ;
c'est pourquoi les cannes du littoral souffrent tant de la sécheresse pendant les jours clairs et bien lumineux, tandis qu'elles
supportent très bien l'absence de pluie quand le ciel est nuageux,
ainsi qu'il arrive dans les parties élevées de l'île de la Réunion,
à 8 ou 900 mètres d'altitude limite de culture de la canne.

Les vents secs et trop violents dessèchent la canne et déchi-
rent les feuilles ; les cyclones les renversent et les brisent.

CLIMAT LE PLUS FAVORABLE A LA CULTURE DE LA CANNE. — En
résumé, le meilleur de tous les climats pour la canne paraît
être celui que l'on trouve à la Réunion, à Maurice, à la Nouvelle-
Calédonie, à la Martinique et à la Guadeloupe, où existent deux
saisons bien tranchées, l'une pluvieuse et chaude, durant 4 à
5 mois où la température moyenne s'élève de 27° à 28°, avec des
maxima de 30° et 32° ; l'autre sèche ou modérément pluvieuse,
où la température moyenne s'abaisse à 23°, avec des minima de
14°. Dans la première saison, la canne se développe vigoureuse-
ment sous l'influence de la chaleur, de l'humidité, des orages et des
pluies. — Dans la seconde, la végétation s'arrête pendant quelques mois, ce qui permet au sucre de s'élaborer lentement et à
la canne d'arriver à maturité parfaite.

INFLUENCE DE L'ALTITUDE. — Dans les colonies montagneuses,
la canne se cultive non seulement sur le littoral, mais aussi sur
les pentes et les plateaux de l'intérieur à une altitude atteignant
quelquefois 1,200 mètres. Dans ces conditions, la canne végète

admirablement bien, mais elle ne mûrit qu'au bout de 2 ans au minimum, la moyenne de la température s'abaissant de 1° par 300 mètres dans les régions montagneuses des pays chauds.

Sol

Il faut à la canne à sucre un terrain riche, bien pourvu d'humus, tel qu'on le rencontre dans les défrichés des anciennes forêts. Cependant, quand la canne, plantée sur un terrain médiocre et quelquefois purement sablonneux, peut être largement irriguée, avec le concours de bons engrais, elle pousse très bien et donne des récoltes suffisamment rémunératrices. La chaleur, l'eau et les engrais passent bien souvent avant les qualités du sol quand il s'agit de la culture de la canne.

Influence des différents sols sur le développement de la canne. — Dans les terres meubles, franches et profondes et moyennement arrosées par les pluies ou par l'irrigation, la canne devient belle, grosse et donne beaucoup de sucre.

Dans les terres sablonneuses et légères ou les sols volcaniques d'origine récente, le jus est très sucré, mais les cannes sont quelquefois petites.

Dans les terres calcaires, les cannes se développent supérieurement, leur jus est riche et facile à travailler.

Dans les terres d'alluvion, trop aqueuses ou trop riches en principes salins, les cannes ont une belle apparence, mais les vesous sont pauvres en sucre, se travaillent difficilement et produisent une forte proportion de mélasse.

D'une manière générale, on peut diviser les terres de nos colonies en deux catégories :

1° Celles qui ont une origine purement volcanique, telles que les terres de la Réunion, des Antilles, etc., où les terrains calcaires et alluvionnaires sont purement accidentels.

2° Celles qui ont une origine alluvionnaire, telles que les terres basses de la Cochinchine, de la Guyane, etc.

Composition physique et chimique de bonnes terres à canne. — Comme exemples de la composition physique et chimique de bonnes terres à cannes, nous donnons, dans le tableau ci-dessous, les analyses suivantes qui ont été faites en partie au laboratoire de l'Ecole des Mines et en partie au laboratoire de la Station agronomique de la Réunion, sur des échantillons provenant de sols de cette colonie où les cannes ont constamment donné des récoltes abondantes et des rendements en sucre considérables, avec le concours de l'irrigation et de bons engrais, devons nous ajouter.

ANALYSE MÉCANIQUE	Bonne terre franche située à 250 mètres d'altitude.	Terre d'alluvion située en plaine.	Terre franche située en plaine	Terre de formation volcanique moderne	Terre de formation volcanique ancienne
Gros graviers . .	3.30	31.29	0.37	5.40	1.00
Petits graviers .	5.59	14.64	0.98	2.60	0.50
Débris organiques	0.10	0.06	0.09	0.03	0.00
Sable fin	7.08	7.75	2.19	70.00	2.60
Matière fine argilo-siliceuse . . .	83.93	46.26	96.42	21.97	95.90
	100.00	100.00	100.00	100.00	100.00
ANALYSE CHIMIQUE					
Produits volatils au rouge.	22.30	10.76	17.91	24.50	17.59
Azote	0.30	0.18	0.21	0.20	0.19
Potasse	0.58	2.10	0.53	0.52	0.67
A. phosphorique .	0.04	0.36	0.04	0.06	0.03
Chaux	0.35	1.56	1.06	0.36	0.18
Magnésie	0.04	1.92	3.03	0.51	0.03
Peroxyde de fer et alumine	40.48	20.22	21.70	20.17	29.20
Résidu insoluble dans les acides et perte.	35.91	62.90	55.52	53.68	52.06
	100.00	100.00	100.00	100.00	100.00

Culture

PRÉPARATION DU SOL. — Une fois le terrain choisi pour la plantation, on doit le préparer pour le rendre propre à la culture.

Il faut d'abord le nettoyer. Si l'on redoute la présence d'insectes nuisibles, on met toutes les herbes en tas et on les brûle ; dans le cas contraire, on les enfouit entre les lignes destinées à être trouées. Cette opération se fait toujours lorsque le terrain a été couvert en pois de diverses sortes, dont l'enfouissement doit avoir lieu avant la fructification.

Si le terrain est très rocheux, on relève au cordeau les pierres en murailles de 4 pieds de large, à 6 pieds d'intervalle, ce qui permet de tracer les trous à la distance régulière de 5 pieds.

Si l'on a affaire à des terrains marécageux et humides, ainsi que cela se rencontre à la Guyane, à Java, en Cochinchine, on procède à des travaux qui ont pour but de drainer le sol et de le mettre à l'abri des inondations.

Dans les terrains précédemment mis en culture, on rabat les sillons. *Sous aucun prétexte on ne doit planter deux fois de suite dans les mêmes lignes.*

MÉTHODES DIVERSES DE PRÉPARATION DU SOL. — Deux méthodes sont généralement suivies pour la culture des cannes. Dans la première, le sol se prépare à main d'homme et on fait des trous de dimensions variables dans lesquels on place les boutures de canne. Dans la seconde, on se sert de la charrue et des instruments attelés et on creuse des sillons parallèles qui reçoivent les plants de canne ou les cannes entières. C'est principalement sur les terrains pierreux ou montagneux tels qu'il en existe tant à la Réunion et à Maurice qu'on emploie la trouaison. La charrue ne recouvre, au contraire, tous ses avantages que sur les plateaux des Antilles, de la Havane et de Java.

Nous allons donner une idée générale de ces deux sortes d'opérations, en commençant par les méthodes de culture suivies à Maurice et à la Réunion et terminant par celles qui sont en usage dans d'autres colonies.

TROUAISON A LA RÉUNION. — A la Réunion, la préparation à la main consiste à faire des trous ou mortaises qui, d'après l'ancienne méthode préconisée par M. Desbassyns et encore généralement suivie aujourd'hui, ont les dimensions suivantes : $0^m,65$ de long, $0^m,16$ de large, $0^m,25$ de profondeur et $1^m,30$ de distance entre chaque rang. Ces mortaises étroites et profondes ont été très critiquées depuis quelques années ; on leur reprochait

d'étouffer le plant et de l'empêcher de se développer. On peut ré-
pondre à cela que cette façon de faire a rendu et rend encore de
grands service dans les localités sèches et difficiles à irriguer
et donne plus de stabilité aux cannes, à l'époque des coups de
vent.

TROUAISON A MAURICE. — À Maurice on donne aux trous 0^m,375
de long, sur 0^m,25 à 0^m,30 de large et 0^m,22 de profondeur. La
table de séparation des trous doit être égale à leur longueur.
Les trous se font à la pioche dans les terrains meubles et à la
barre à mine dans les terres qui offrent une dureté considérable.
Les Mauritiens ont remarqué que les plants des nouvelles cannes
qu'ils emploient se développaient mieux dans de larges mortaises et produisaient plus de rejetons. Cette méthode tend aussi
à se généraliser à Bourbon.

SILLONNAGE. — Quand on se sert de la charrue, on creuse de
larges sillons de 0^m,25 à 0^m,30 de profondeur, espacés de 1^m,50
à 2 mètres les uns des autres. Dans les terres en pente, la direc-
tion de ces sillons doit être transversale. Il est bien entendu que
le terrain aura subi, au préalable, plusieurs labourages superfi-
ciels et aura été fumé convenablement.

PLANTATION. — L'époque de la plantation est subordonnée
nécessairement à celle de la récolte; car c'est au moment où
l'on coupe les cannes que l'on prépare les boutures. Et celles-
ci ne peuvent guère rester plus d'un mois sans risquer de
pourrir et de se dessécher, bien qu'on prenne la précaution de
les couvrir de paille et de les arroser souvent. Quelquefois on
les met en pépinière quand on n'est pas prêt à planter.

EPOQUE DES PLANTATIONS A LA RÉUNION. — A la Réunion, les
plantations se font de septembre à mars. Le temps le plus favorable est évidemment celui qui correspond à la saison des pluies
et des chaleurs, novembre à mars.

EPOQUE DES PLANTATIONS A MAURICE. — A Maurice, on plante
en trois époques, en grande, en demi et en petite saison.

La grande saison convient aux terres élevées et froides; elle
comprend les mois d'octobre, de novembre et de décembre.

La demi-saison convient à la région moyenne, elle s'étend de décembre à janvier.

La petite saison convient aux régions basses, chaudes et humides ou pourvues d'une irrigation suffisante. Elle s'étend du mois de mars au mois d'août.

PRÉPARATION DES PLANTS. — La canne se plante le plus ordinairement avec des boutures prises à l'extrémité supérieure de la tige de la canne, présentant au moins 3 ou 4 œilletons bien formés et une partie verte foliacée. Cette pratique s'est présentée tout naturellement à l'esprit des premiers habitants qui se sont livrés à cette culture, d'abord parce que l'extrémité de la canne, n'étant point sucrée, constitue un déchet qu'on a cherché à utiliser comme plant. Mais il est permis de critiquer cette manière de faire et de lui préférer la bouture prise sur le corps de la canne pour bien des raisons tirées des principes qui s'appuient sur la physiologie végétale.

BOUTURES DE CORPS. — La canne a des fleurs infertiles, avons-nous dit, et, par conséquent, ne peut point donner des graines ; mais les nombreux œilletons qui apparaissent à l'aisselle des feuilles tout le long de la tige sont destinés à les remplacer. Et c'est vers les points de cette tige où ils sont le plus gros, le plus accentués, où les sucs sont les plus riches et les mieux élaborés qu'il faut naturellement les choisir si l'on veut avoir des sujets vigoureux et bien nourris.

Certes, la plantation des cannes faite exclusivement avec des boutures de têtes est plus généralement employée, parce qu'elle semble, au premier abord, plus économique et plus commode ; mais nous croyons que ce système doit amener fatalement la dégénérescence de l'espèce, puisque celle-ci est toujours reproduite avec les parties de la canne où les sucs sont les plus pauvres et les œilletons les plus mal venus.

A la Havane et en Espagne, on plante avec des corps de canne et même avec des cannes entières couchées le long des sillons.

Quoi qu'il en soit, qu'on emploie l'une ou l'autre de ces méthodes, il sera toujours nécessaire de choisir les boutures sur des sujets sains, vigoureux, étrangers autant que possible à la localité, de façon à ce que les mêmes espèces de canne ne soient pas éternellement plantés sur les mêmes champs.

On se trouvera toujours bien de conserver le champ de cannes de plus belle venue et de le consacrer exclusivement à la plantation, en prenant des boutures sur la canne toute entière. Au moment de planter, on arrêtera la végétation des cannes en coupant la partie supérieure ; au bout de quelques jours la sève se sera portée vers les œilletons. C'est alors qu'il faudra procéder à la section des tiges et qu'on aura d'excellentes boutures, bien supérieures à celles qu'on a l'habitude d'obtenir avec des têtes de cannes.

BOUTURES FAITES AVEC DES PLANTS ENRACINÉS. — Au lieu de boutures fraîches de 2 à 4 nœuds, on emploie quelquefois de jeunes plants tout enracinés qu'on enlève à la motte ; mais cette pratique ne s'emploie que pour faire des remplacements dans le cours de l'année.

MANIÈRE DE PROCÉDER POUR LA PLANTATION A MAURICE. — On plante de différentes manières suivant la saison. En grande saison, on plante directement dans le fond du trou. En demi ou en petite saison, on plante sur couche de fumier ou d'engrais concentré mélangé avec de la terre fine.

PRÉCAUTIONS A PRENDRE DANS LES LOCALITÉS SÈCHES. — On dépose dans chaque mortaise deux plants à la suite l'un de l'autre, les têtes se croisant légèrement dans l'axe du trou. On veillera à ce qu'ils soient bien adhérents au fond et on les recouvrira légèrement avec de la terre tamisée à la main. Dans les localités sèches, on recouvre le tout d'un léger paillis, pour préserver les plants des coups de soleil ; ce paillis doit être enlevé dès que les plants sont bien enracinés et que leurs tiges ont commencé à sortir, pour leur donner de la force et faciliter le souchement.

PLANTATION SUR COUCHES. — Quand on plante sur couches, on place 12 à 15 livres de fumier bien fait par trou de canne, on le répartit exactement et on le tasse assez fortement. Le trou doit être au tiers ou à moitié plein. On y dépose les plants comme il a été dit, et on les y incruste avec le pied.

PRÉCAUTIONS A PRENDRE QUAND ON IRRIGUE. — Lorsque la plan-

lation doit être irriguée, on place sur chaque bouture une roche
d'un poids suffisant pour la maintenir pendant le passage de
l'eau.

Développement de la bouture. — Au bout de quelques jours,
surtout lorsque les conditions de chaleur et d'humidité se trouvent réalisées les œilletons de la bouture laissent sortir deux ou
trois bourgeons, qu'on appelle *bourgeons mères*, lesquels émettent
3 à 4 grosses racines perpendiculaires et latérales. Sur ces premières pousses sortent des bourgeons de deuxième et troisième
génération qui ne tardent pas à couvrir la mortaise de leur
luxuriante végétation. Il n'est pas rare de voir, dans des terrains
riches, bien fumés, bien irrigués et portant des boutures de choix,
chaque mortaise présenter de 40 à 60 tiges de cannes bien fournies et bien venues.

Emploi de la charrue a la Réunion et a Maurice. — L'emploi de la charrue, à la Réunion et à Maurice, pour la préparation et le sillonnage du sol, bien que préconisé par d'ardents
promoteurs, n'a point donné jusqu'ici les résultats qu'on en
attendait pour remédier à l'infertilité du sol dans certaines
régions.

Dès le début de la culture de la canne, les premiers colons,
qui avaient fait leur éducation agricole en France, ont tout
naturellement essayé l'emploi de la charrue sur les terrains qui
s'y prêtaient. Quel ne fut pas leur étonnement quand ils s'aper-
çurent que le champ qu'ils avaient défoncé et exposé aux rayons
solaires restait stérile pendant de longues années ! Cette expérience a été recommencée souvent et a donné presque toujours
les mêmes résultats. Sans doute le soc de la charrue, au lieu
d'attaquer le sol progressivement, l'attaquait trop profondé-
ment et ramenait le sous-sol à la surface. Dans ces dernières
années, on a fait des tentatives nouvelles, et mieux conduites,
sans qu'il soit encore possible d'en tirer des conclusions bien favorables. Quoi qu'il en soit, nous croyons que la charrue n'aura
quelque succès sur les terres franches et épierrées de la Réunion
et de Maurice que si l'on prend les précautions suivantes que
l'expérience nous paraît devoir consacrer :

1° Ne charruer un champ de canne qu'au moment où il vient
d'être coupé, afin de l'ameublir et de le retourner légèrement ;

2° Le couvrir pendant 3 ou 4 ans de plantations vivrières telles que maïs, manhioc, pois, etc. ;

3° Quand le sol s'est bien raffirmi, à la suite de ces diverses cultures, ouvrir des sillons à la charrue pour opérer la plantation.

Si l'on plantait un champ de cannes *immédiatement* après l'avoir préparé à la charrue, les cannes auraient de grandes chances de ne pas y pousser, ainsi que cela s'est vu si souvent ; et, de plus, les fortes brises et les coups de vent les renverseraient, parce qu'elles se trouveraient sur un sol trop meuble et trop peu résistant.

Culture de la canne aux Antilles

Aux Antilles, on se sert beaucoup plus de la charrue que dans les autres colonies françaises. On distingue dans la culture de la canne :

1° La grande culture qui se pratique en octobre, novembre, décembre et janvier ;

2° La petite culture qui peut se faire jusqu'en avril et mai.

On commence généralement les labours au mois d'août ; on emploie les deux araires de Mathieu de Dombasle : la charrue à versoir et la charrue tourne-oreilles.

Après le labour vient le hersage, qui se fait avec la herse triangulaire ou quadrangulaire et la herse dite Dombasle, à cou de cygne.

On procède ensuite au sillonnage, qui se pratique à l'aide de la grande charrue Dombasle. On donne aux sillons un intervalle de 1^m,50, distance qui permet l'emploi de la houe à cheval ou sarcleuse. Dans les terres argileuses et humides, on laboure en billons et on bombe les lignes de plantation, pour permettre l'écoulement des eaux.

La plantation se fait à l'aide de boutures à 3 œilletons bien choisis, que l'on couche à plat au fond du sillon si le terrain est bien drainé, ou qu'on incline à 45° dans les terrains humides. On donne ensuite 6 sarclages aux champs de canne, on épaille et on coupe la canne au bout de 12 à 13 mois.

Les engrais dont on se sert aux Antilles sont les mêmes que

ceux employés à la Réunion et à Maurice : du fumier, du guano et des engrais chimiques riches en azote, acide phosphorique et potasse.

Les rejetons sont fumés avec le plus grand soin ; on ouvre, à la charrue, des sillons de chaque côté des souches, on les remplit de fumier ou d'autres engrais et on recouvre de terre.

Culture de la canne à la Havane

Dans les nouvelles terres provenant de défrichés de forêts, on plante la canne dans des fosses ou mortaises. Dans les terres anciennes, au contraire, on ne se sert que de la grosse charrue pour préparer le terrain et creuser les sillons dans lesquels on place les boutures de cannes.

Les boutures sont toujours prises sur la *tige entière* des cannes, dont on choisit les meilleurs et les plus saines; on en coupe des morceaux présentant au moins 3 nœuds. Les têtes de cannes servent à la nourriture des animaux. On n'a jamais constaté la dégénérescence de la canne à la Havane où l'on plante depuis longtemps les mêmes espèces : la *canne blanche* et la *canne rouge d'Otahiti*. Cette immunité ne serait-elle pas due au mode de bouturage ?

Quand on fait une plantation dans un mauvais terrain, on place dans les sillons, qui ont de 0ᵐ,20 à 0ᵐ,30 de profondeur et 1ᵐ,20 d'écartement, 2 à 3 rangées de boutures parallèles. Dans les terrains de qualité supérieure, l'écartement est porté a 1ᵐ,60 et, dans les excellents terrains, à 2 mètres.

La durée d'une plantation de canne varie entre 3, 5 et 10 ans, suivant la qualité des terres. On coupe la canne au bout de 18 mois. Généralement la seconde coupe est meilleure que la première. On se sert beaucoup de la bagasse comme *engrais*.

Culture de la canne à Java

On choisit généralement pour planter la canne à Java d'anciens champs de riz, constitués par de l'argile et du sable et on les découpe en carreaux de 2ʰ 61 de superficie qu'on entoure de fossés servant à drainer le sol. On brûle les pailles de riz provenant de la récolte précédente et on prépare le sol à la charrue; on fait jusqu'à 6 labours sur le même terrain.

La plantation se fait, soit dans des fosses, soit dans des sillons.

Dans le premier cas, les trous de canne ont 0^m,27 carrés, 0^m,21 de profondeur et 0^m,18 de distance. Ils doivent rester exposés 15 jours à l'air avant la mise des boutures.

Dans le second cas, on emploie le système de M. Reynoso qui consiste à creuser des sillons de 0^m,65 de largeur de 0^m,43 de profondeur, distants les uns des autres de 1^m,40. On laisse d'abord le fond des sillons exposé à l'air pendant un mois, puis on les élargit de façon à atteindre 1^m, en les rehaussant de 0^m,12. Nouvelle exposition à l'air pendant 14 jours. C'est seulement à partir de cette époque que l'on fait la plantation, soit avec des boutures de tête, soit avec des boutures de corps de canne qui sont placées dans le sillon sur deux rangées parallèles. Plus tard, on fait un premier, un second, puis un troisième recouvrement des boutures au fur et à mesure qu'elles grandissent, avec la terre des entre-sillons.

L'espèce cultivée avec le plus de succès à Java est la canne d'Otahiti, qui croît très bien dans les terres argileuses, mais qui dégénère dans les terrains pierreux.

Culture de la canne en Cochinchine

La canne est cultivée en Cochinchine depuis un temps immémorial. On compte environ 8,000 hectares de cannes cultivées par les indigènes, dont la moitié est vendue sur les marchés pour être consommée directement et l'autre pour faire du sucre. L'usine indigène comprend trois cylindres en bois verticaux, mûs par un buffle, entre lesquels deux indigènes, suivant la grosseur de la canne, en font passer de 2 à 4. A l'aide de 2 ou 3 chaudières en fonte ou en fer battu, on évapore le vesou et on produit un sucre épais, visqueux, d'autant plus mauvais que le jus de la canne est presque toujours très riche en glucose.

Des essais de culture et de fabrication de sucre ont été tentés par des Européens, aux environs de Saïgon, à la Nouvelle-Espérance et dans la province de Bien-Hoa. Mais ils n'ont point été jusqu'ici couronnés de succès, malgré tous les encouragements dont ils ont été l'objet de la part du gouvernement local. Cela tient à la difficulté de se procurer des bras, de changer les habitudes agricoles des Annamites, et principalement à la mauvaise qualité des cannes qui donnent, par suite des terrains d'alluvion dans lesquels elle sont plantées, des vesous assez pauvres et très difficiles à travailler.

La propriété de la Nouvelle-Espérance, située dans la vaste plaine des Tombeaux, comprenait 500 hectares d'un terrain sablonneux et léger reposant sur un fond d'argile. Le système de culture adopté fut celui de Java. La terre était divisée en carreaux de 100 mètres et sillonnée de raies ou lignes de cannes distantes entre elles de 1^{m},30. Les espèces de cannes plantées se composaient de la canne *annamite*, la canne *violette de Java* et de la *canne chinoise*.

La préparation du sol se fait à la main ou à la charrue. L'époque de la plantation a lieu, chez l'indigène, de janvier à mars, et chez l'Européen, en mai au commencement de la saison des pluies. La canne est mûre au mois de novembre suivant, c'est à dire dans l'espace de 8 mois et demi. Le sarclage se fait moins souvent qu'ailleurs et l'épaillage n'est pas nécessaire.

Les indigènes ne retirent pas plus de 4 à 5 0/0 de sucre, du poids de la canne ; et les Européens 7 à 8 0/0. Les principales variétés de canne cultivées en Cochinchine sont :

La *canne annamite*, qui paraît être la canne chinoise dégénérée, très mince, très agreste, résiste à la sécheresse.

La *canne éléphant*, verdâtre, très grosse, peu riche en sucre.

La *canne blanche du Cap*, vert olive, riche et juteuse, devient facilement malade.

La *canne blanche de Poulo-Pinang*, d'un vert plus foncé, plus grosse que la précédente.

La *canne blanche de Java*, tige en faisceaux, inférieure aux autres.

La *canne chinoise*, vert jaunâtre.

La *canne rouge de Batavia* et de *Java*.

Mais de toutes ces cannes, la plus commune et la plus répandue, est sans contredit la canne annamite, non point qu'elle soit plus sucrée que les autres, mais parce qu'elle est plus rustique.

D'après les observations personnelles qu'il nous a été donné de faire en Cochinchine et surtout d'après l'opinion de vieux

colons habitant la colonie depuis de longues années, nous croyons
que la culture de la canne n'a pas un grand avenir en Cochinchine.

Les terres d'alluvion à moitié noyées de cette contrée sont
éminemment propres à la culture du riz. Pour y faire pousser
la canne il faudrait faire des travaux de desséchement très oné-
reux; et encore la canne n'y deviendrait-elle jamais riche en sucre.

Sur les quelques terrains sablonneux ou en relief qui existent
dans certaines provinces, la culture de la canne y serait possible, mais à condition d'y mettre de riches engrais et d'y faire
de l'irrigation.

La Cochinchine est la terre promise du riz; c'est le grenier
d'abondance de l'Extrême-Orient. Toute autre culture, nous le
craignons bien, n'y donnerait que des mécomptes.

Engrais

La culture de la canne, telle qu'elle se pratique dans la plupart des colonies françaises et étrangères, exige de fortes fumures en engrais organiques et minéraux. — Les terres vierges
des pays nouvellement défrichés peuvent porter, pendant assez
longtemps, d'abondantes récoltes de cannes sans engrais. Mais
ce ne sont là que des exceptions. Dans les conditions ordinaires, il faut beaucoup d'engrais; et comme la quantité de
fumier que l'on se procure aux colonies est toujours très insuffisante, il est indispensable de lui adjoindre des engrais plus
concentrés et plus actifs.

Maurice consomme, chaque année, pour 6 à 7 millions de
francs d'engrais en dehors du fumier. — La Réunion, moins
riche, moins avancée et moins prospère, n'en achète pas pour
moins de 2 millions. Les Antilles, la Havane sont également
tributaires de la France et de l'étranger pour des sommes considérables. L'expérience acquise prouve qu'on ne peut guère
dépenser moins de 350 fr. d'engrais par hectare de cannes plantées, ce qui représente environ 1,000 kilos d'engrais concentrés.

FUMIER D'HABITATION. — La base de la culture de la canne
doit être le fumier associé à des engrais concentrés de qualité
convenable.

Le fumier d'habitation se prépare avec les excréments solides et liquides des animaux tels que mules, chevaux, bœufs ; — les litières, débris pailleux et organiques de toute espèce ; les dépouilles des animaux morts, les résidus de distillerie et écumes de défécation ; des matières fécales, des urines, etc. Lorsque ce fumier est bien soigné, ce qui est malheureusement rare, il est plutôt comparable à un compost. Le plus habituellement, il est trop desséché, il a subi un commencement de fermentation putride qui le rend inférieur au fumier de ferme ordinaire. On ne met pas moins de 10 à 15 livres de fumier par trou de canne, ce qui représente 40 à 50,000 kilos par hectare, fumure que l'on ne considère à Maurice que comme destinée à enrichir le sol de matières organiques et à assurer la première alimentation des boutures.

Les engrais concentrés employés aux colonies et qui ne doivent être considérés que comme le complément du fumier, se réduisent à deux catégories principales : le *guano*, les *engrais chimiques*.

GUANO. — L'ancien guano du Pérou, qui renfermait de 10 à 12 0/0 d'azote, 50 0/0 de matières organiques et 12 à 15 0/0 d'acide phosphorique fut en vogue dans nos colonies sucrières jusqu'au moment où, les plus riches gisements étant épuisés, on se trouva en présence de guanos de provenance et de composition très inférieures, mais d'un prix aussi élevé. En fait de guanos on ne se sert plus aux colonies que de *guanos dissous*, renfermant 6 à 7 0/0 d'azote fixé et 10 0/0 d'acide phosphorique soluble dans l'eau.

ENGRAIS CHIMIQUES. — C'est alors qu'on chercha à se procurer d'autres engrais plus efficaces et plus complets et qu'on se livra simultanément aux Antilles, à Maurice et à la Réunion, à des expériences méthodiques ayant pour but de faire connaître la meilleure formule d'engrais chimiques susceptibles de remplacer le guano avec avantage.

Les résultats obtenus dans ces divers essais, et principalement dans ceux qui furent faits sur les champs d'expériences de la station agronomique de Saint-Denis, peuvent se réduire aux principes suivants :

1° L'engrais-type pour la canne à sucre doit renfermer de

l'azote, de la *potasse*, de *l'acide phosphorique*, de la *chaux* et de la *magnésie* associés à de la *matière organique*.

2° L'*azote*, dont la dose ne doit pas être inférieure à 50 k. ni supérieure à 80 kilos par hectare, devra être donné sous trois formes :

Sous celle *d'azote ammoniacal*, 30 à 40 kilos représentés par 150 à 200 kilos de sulfate d'ammoniaque ;

Sous celle *d'azote nitrique*, 13 à 26 kilos représentés par 100 à 200 kilos de nitrate de potasse ou de soude ;

Sous celle d'*azote organique*, 10 à 15 kilos provenant de chair torréfiée, de tourteaux ou d'os dissous, soit 200 à 250 kilos.

Chacun de ces éléments joue un rôle différent dans l'engrais.

Le sulfate d'ammoniaque a pour but de favoriser le commencement de la végétation et de donner ce qu'on appelle le *coup de fouet*.

Le nitrate de potasse ou de soude, qui pénètre facilement dans le sol, devient l'aliment de la seconde période de la plante,

Enfin l'azote organique, qui se décompose plus lentement agit vers la fin de la saison et conduit la canne jusqu'à sa maturité complète.

3° *L'acide phosphorique* doit entrer, dans l'engrais, pour une proportion un peu supérieure à celle de l'azote, afin d'empêcher celui-ci de pousser trop aux feuilles. Sa dose doit être, par hectare, de 80 à 100 kilos sous forme soluble et assimilable. C'est à l'état de *superphosphate d'os* ou *d'os dissous* qu'il agit le mieux. Son acide phosphorique est, en effet, à un degré d'assimilabilité complet, puisqu'il provient des êtres vivants qui l'ont fixé dans leurs tissus, après l'avoir emprunté aux plantes, qui, elles-mêmes, l'avaient pris au sol qui les nourrissait. Le phosphate des os a donc subi deux modifications profondes, sans compter celle que l'action de l'acide sulfurique vient y ajouter. De plus, c'est le seul superphosphate qui renferme une quantité relativement considérable de matière organique soluble, analogue à celle du guano et qui peut s'élever jusqu'à 40 0/0 de son poids.

4° La *potasse* doit atteindre entre 40 et 80 kilos par hectare. L'opinion généralement admise aux Antilles est que, dans les terres légères et filtrantes, 44 à 50 kilos représentés par 100 à 200 kilos de nitrate de potasse suffisent, pourvu que la proportion d'azote et d'acide phosphorique atteigne les chiffres dont nous avons parlé plus haut. Dans les terres épuisées, il est nécessaire d'élever la proportion d'azote d'un tiers ou de moitié.

La soude du nitrate de soude paraît se substituer facilement à la potasse ; cependant, comme cet élément est indispensable à toutes les plantes qui organisent du sucre, il ne faudrait pas abuser de cette substitution. Nous conseillerions plutôt un mélange, par parties égales, de l'un et l'autre de ces sels.

5° Quant à la *chaux* et à la *magnésie*, qui doivent aussi faire partie de l'engrais destiné à la canne, elles se trouvent tout naturellement combinées à l'acide phosphorique et à l'acide sulfurique des superphosphates.

FORMULES-TYPE D'ENGRAIS CHIMIQUES POUR LA CANNE. — En résumé, un bon engrais pour la canne à sucre doit contenir les éléments suivants :

25 à 30 % de matières organiques azotée,
 7 à 7.5 % d'azote, dont 3 à 3.5 % d'azote ammoniacal,
      —   — 1 à 1.5   —   nitrique,
      —   — 2 à 2.5   —   organique,
 8 à 10 % d'acide phosphorique des os sous forme soluble et assimilable (1),
 5 à 10 % de potasse.

Les formules qui répondent aux règles que nous venons d'établir, peuvent être obtenues soit en se servant de superphosphate d'os verts comme base, ou du guano dissous.

1re *formule :*

Superphosphate d'os azoté ou os dissous (2) . .	730 k
Nitrate de potasse.	120
Sulfate d'ammoniaque.	150

2e *formule :*

Guano dissous.	700 k
Nitrate de potasse.	150
Sulfate d'ammoniaque.	150

(1) Sur quelques établissements agricoles de la Réunion, on emploie des engrais chimiques dans lesquels la dose de l'acide phosphorique est poussée à 12 0/0, qui se partagent en 4 0/0 de soluble, 4 0/0 d'assimilable et 4 0/0 d'insoluble.

(2) Le superphosphate d'os azoté s'obtient en traitant les os verts en

Nécessité d'associer de la matière organique aux éléments minéraux. — L'expérience nous a donc conduits à préciser les principes dans lesquels il faut se renfermer pour assurer à la canne une alimentation convenable. Mais, en descendant de la théorie à la pratique, nous trouverons encore d'importantes observations à faire sur la nécessité d'associer toujours intimement les engrais chimiques au fumier. En effet, l'association des engrais minéraux ou chimiques au fumier est indispensable pour former ce que Grandeau appelle la *matière noire*. Ce chimiste agronome a démontré par des expériences décisives :

1° Que la nutrition minérale des végétaux ne se fait que par l'intermédiaire des matières organiques renfermées dans les sols.

2° Que la matière organique, tout en étant le véhicule des substances nutritives minérales des végétaux, n'est point par elle-même un aliment, n'étant pas absorbée par les racines ; elle ne produit qu'un effet de présence et finit par disparaître à la longue, par l'effet d'une lente combustion.

3° Qu'on peut détruire la fertilité d'une terre en lui enlevant son humus et sa matière noire et, réciproquement, rendre fertiles des sols stériles riches en matières minérales en leur apportant les matières organiques qui leur manquent.

4° D'où il résulte que toute culture continue, faite à l'aide du seul emploi des engrais minéraux, *doit conduire à la stérilité de la terre*. Dès que la matière organique a disparu, les engrais minéraux restent sans efficacité.

5° Dans un autre sens, le fumier ne contenant que des proportions insuffisantes de sels minéraux, et les matières organiques qui le composent étant par elles-mêmes infertiles, il en résulte qu'une culture continue, faite avec le seul secours du fumier, aboutirait à l'épuisement progressif des matières minérales du sol.

6° Toute culture raisonnée devra donc s'appuyer sur *la combinaison du fumier avec les engrais chimiques* dans le but de permettre la formation de la matière noire. Pour la culture de la canne, qui dure plusieurs années, l'approvisionnement des matières organiques devra être faite au moyen d'un apport

poudre qui renferment 4 à 5 % d'azote et 45 % d'acide phosphorique par 65 à 70 % d'acide sulfurique à 52°.

suffisant de fumier pour constituer la réserve d'humus nécessaire pour la 2me et la 3me année. Ces considérations sur le rôle de l'humus dans les sols s'appliquent principalement aux sols de la Réunion et de Maurice, dont la majeure partie est devenue stérile à la suite de cultures de canne faites sans engrais et sans assolement, pendant de longues années. Que de temps, d'argent et d'engrais il faudrait aujourd'hui pour les reconstituer (1) !

ENGRAIS DIVERS. — En dehors du fumier, du guano et des engrais chimiques dont nous avons parlé, il est d'autres engrais qu'on utilise pour la culture de la canne et qui ont bien leur valeur : Ce sont des *composts* locaux de diverses natures, des engrais verts, des *poudrettes* plus ou moins riches, des *cendres* de *bagasse*, des *débris de poisson*, des *résidus de distillerie* et des *écumes de défécation, du sulfate d'ammoniaque, des nitrates de soude* et de *potasse, des sels potassiques*, etc.

DOSE DES ENGRAIS CHIMIQUES. — La dose des engrais concentrés atteint habituellement 6 à 8 onces par trou de canne, soit 800 à 1,000 kilos par hectare. Quand les cannes ont été plantées sur fumier, on ajoute l'engrais concentré vers mars ou avril lorsque la canne à déjà bien bourgeonné.

ENGRAIS POUR REPOUSSES. — Pour les repousses, qui ne doivent occuper le sol que pendant une année tout au plus, on creuse une rigole circulaire autour de la souche et on y met la dose d'engrais mêlée à de la terre, immédiatement après chaque coupe.

PROCÉDÉS D'ÉPANDAGE SUR LES TERRES LABOURÉES. — Quand les terres sont labourées et plantées à la charrue, tantôt le fumier et les engrais concentrés sont épandus à la volée et mêlés intimement au sol ; tantôt ils sont placés au fond des sillons ou enfouis de chaque côté des sillons latéraux ouverts à la charrue.

(1) Les engrais chimiques, dont nous avons indiqué les formules, peuvent être employés seuls lorsqu'il s'agit de la culture des cannes en terres hautes. Comme il serait impossible de conduire du fumier dans ces lieux élevés, on est bien obligé de recourir à l'emploi des engrais concentrés et actifs sous un faible volume.

ASSOLEMENT RATIONNEL. — Quelle que soit la méthode de culture et de fumure adoptée, il sera toujours souverainement imprudent de demander aux terres des récoltes successives de cannes sans les laisser reposer. Dans les pays où les terres sont excellentes et où les cannes sont vigoureuses, on peut faire 7, 8, 10 coupes sur la même souche, en ayant soin d'entretenir la fumure chaque année. Mais le plus habituellement, on fait une première coupe de cannes vierges et 2 coupes de repousses, ce qui conduit le cycle de culture à 4 ans. Il faut alors laisser le sol reposer quatre années, en ne lui demandant que des récoltes de manioc, de maïs et, en dernier lieu, de légumineuses qu'on enfouit à l'état vert quelque temps avant de livrer le champ à une nouvelle culture de canne.

Il est des terres qui exigent même 6 et 7 années de repos. *L'expérience a prouvé, du moins à la Réunion et à Maurice, que jamais les engrais, quelqu'abondants et quelque riches qu'ils fussent, ne remplaçaient le repos du sol ou un assolement sagement établi.*

Entretien

SARCLAGE. — On entretient les plantations en leur faisant subir 6 sarclages pour les cannes vierges et 4 pour les rejetons. Ces sarclages se font à la bêche ou au moyen d'instruments attelés. L'enlèvement fréquent des mauvaises herbes et la propreté des champs ont une influence considérable sur la santé et la vigueur des cannes. On a soin de remplacer les plants morts ou de mauvaise venue par des boutures enracinées qu'on enlève à la motte.

DÉVIDAGE ET ÉPAILLAGE. — Dans le jeune âge de la plante et à chaque opération de la culture, il est indispensable d'enlever les feuilles sèches qui se forment à sa base et de bien dévider les trous. C'est surtout pour les espèces nouvelles de cannes qui souchent beaucoup que cet épaillage doit être constant. Il a pour but de combattre les insectes nuisibles, d'empêcher la formation des ailerons et des nombreuses racines adventives qui contrarient la végétation, et de favoriser la maturation de la canne.

Pour les anciennes espèces de canne (*guinghan, otahiti blanche*) l'épaillage ne doit se faire qu'un ou deux mois avant la coupe.

CESSATION DE L'IRRIGATION 2 MOIS AVANT LA COUPE. — Lorsqu'on emploie l'irrigation, il faut avoir soin de la cesser deux mois avant la coupe afin de laisser aux cannes le temps de mûrir et d'abandonner leur excès d'eau.

Marche de la végétation

Nous ne pouvons dire au juste comment se comporte la végétation de la canne sous tous les climats où elle est cultivée, mais voici ce qui se passe sous celui de la Réunion, si éminemment favorable à cette culture.

DÉVELOPPEMENT PENDANT LA SAISON DES PLUIES. — Supposons une plantation faite au mois de novembre, au moment de la saison des pluies. De novembre à mai, pendant 6 mois d'hivernage, la plante se développe avec vigueur sous l'influence d'une température moyenne de 27°50 et d'une quantité de pluie représentée par 894 millimètres répartis entre 63 jours. Le sol, échauffé par les rayons solaires, atteint, à 0^m,30 de profondeur, une température moyenne égale à celle de l'air; l'intensité des rayons lumineux (actinomètre) se chiffre par 65, et l'humidité relative par 70.

ARRÊT DE LA VÉGÉTATION PENDANT LA SAISON SÈCHE. — A partir de juin surviennent les grandes brises d'est qui dessèchent le sol et un abaissement de température qui, pour les 6 mois d'hiver, constitue une moyenne de 23°86 avec des minima de 14° pendant la nuit. La température du sol tombe elle-même à 22°97, et la hauteur totale de pluie n'est plus que de 164 millimètres répartis entre 24 jours. La végétation de la canne subit un long temps d'arrêt, et les plantations qui ne sont pas irriguées souffrent beaucoup de la sécheresse et du vent. Le dé-

veloppement de la canne ne reprend qu'au commencement du
nouvel hivernage.

FLORAISON. — Vers le mois de mai suivant, la canne fleurit
habituellement, et elle termine sa maturité pendant les mois secs
de mai, juin et juillet, époque à laquelle se fait la coupe. Les
cannes sont alors presque couchées à terre, et sont, comme on
dit vulgairement, matelassées.

EFFETS DES CYCLONES. — S'il survient un cyclone ou coup de
vent (phénomène si fréquent à Bourbon et à Maurice) au moment où la canne n'a encore que 6 à 8 mois de végétation, la
plante supporte très bien la tempête et les avalaisons qui en sont
la suite. Mais si le coup de vent se déchaîne au mois de mars,
deux ou trois mois avant la coupe, la canne est souvent renversée et déracinée, ou bien elle se brise, et la plupart du temps
la végétation s'arrête, la tige se dessèche et meurt comme si
elle avait été brûlée.

TRANSFORMATION DU SUCRE CRISTALLISABLE EN SUCRE INCRISTAL-
LISABLE QUAND LA MATURITÉ EST DÉPASSÉE. — Si la canne n'est
pas cueillie au moment de sa maturité complète, la majeure
partie de son sucre cristallisable passe à l'état de glucôse, la
tige sèche, se creuse intérieurement. De nombreux ailerons,
provenant du développement des œilletons, apparaissent aux
aisselles des feuilles, la canne se couche à terre et les bourgeons
s'enracinent de toutes parts constituant autant de rejetons
autour de la plante-mère.

MARCHE PROGRESSIVE DES ÉLÉMENTS MINÉRAUX ET ORGANIQUES
DANS LES TISSUS DE LA CANNE PENDANT LES DIVERSES PÉRIODES DE
SA VÉGÉTATION. — M. Rouf, chimiste du laboratoire de la Com-
pagnie des Engrais à la Martinique a étudié mois par mois la
progression des éléments minéraux dans les tissus de la canne
pendant les diverses périodes de sa végétation. Voici les conclusions auxquelles il est arrivé ; il a expérimenté sur des
cannes plantées en mars, à la Martinique, dans les conditions
ordinaires de culture :

1° L'absorption des éléments minéraux commence aussitôt

que le développement de la canne le permet, mais évidemment elle est beaucoup plus active si la plante trouve à sa disposition les principes fertilisants qui lui sont nécessaires et surtout si les agents météorologiques viennent à son aide.

2° La progression est modérée depuis le 6me mois jusqu'au 9me; alors la marche des éléments devient plus rapide et prend tout son essor aux 10me et 11me mois, époque de l'absorption au maximum de la plus grande partie des éléments constituants. C'est à cette époque que la tige et les feuilles vertes réunies représentent leur maximum de poids et que la canne a acquis la totalité des substances minérales de l'azote et le maximum du poids de la matière sèche.

Au mois de décembre (10me mois), la canne a absorbé, au maximum, les éléments suivants : acide phosphorique, acide sulfurique, potasse, soude et silice. Au mois de janvier (11me mois), les autres éléments qui étaient en retard arrivent, et l'on a le maximum de la chaux, de la magnésie et de l'azote. Les éléments qui sont arrivés les premiers au maximum de leu₁ poids sont ensuite éliminés.

En février, la marche décroissante des trois derniers éléments commence et l'excrétion de tous les éléments réunis continue jusqu'à ce que la plante soit arrivée à maturité.

3° La canne doit être fumée en temps opportun, si l'on veut qu'elle trouve à sa disposition l'alimentation nécessaire pour faciliter son développement et accélérer l'élaboration des principes sucrés.

4° L'évolution et l'élimination de l'excès de la potasse, de la soude et du chlore de la tige et leur transport dans la sommité de la plante et dans les feuilles sont terminés justement à l'époque de la maturité de la canne. C'est dans l'extrémité de de la canne que se trouvent accumulés les chlorures alcalins, le glucôse, les matières albuminoïdes et pectiques.

COMPOSITION DE LA CANNE A SUCRE A DIVERSES ÉPOQUES

(CANNES ET FEUILLES)

CHIFFRES ET QUANTITÉS RAPPORTES A L'HECTARE

DATES de la PRISE D'ÉCHANTILLON	Tiges et feuilles Récolte fraîche	Tiges et feuilles Récolte sèche	CENDRES	AZOTE	Acide phosphorique	Acide sulfurique	POTASSE	SOUDE	CHAUX	MAGNÉSIE	SILICE
	kil. gr.	kil. gr.	kil. gr.	kil. gr.	kil. gr.	kil. gr.	kil. gr.	kil. gr.	kil. gr.	kil. gr.	kil. gr.
1877 — Août (6e mois de la plantat°n	23.600	4.564	288.475	22.606	11.617	15.803	40.269	2.498	8.007	11.690	155.947
— Septembre (7e — —	49.999	8.256	403.267	39.789	17.094	16.576	49.773	9.705	26.750	17.370	188.395
— Octobre (8e —	82.162	11.879	498.153	42.611	30.674	20.974	88.547	8.897	29.331	27.595	221.772
— Novembre (9e — —	85.240	13.561	565.315	50.329	31.119	22.431	89.267	10.925	31.838	28.771	274.965
— Décembre (10e —	91.920	18.260	704.067	61.859	43.903	24.557	109.108	23.968	52.387	29.369	360.955
1878 — Janvier (11a — —	85.920	20.854	645.868	67.731	41.794	21.794	80.113	15.284	65.473	37.809	328.789
— Février (12e — —	73.280	18.500	523.455	61.865	41.098	16.074	69.471	9.944	37.058	28.973	260.524
— Mars (13e — —	88.720	19.904	525.997	44.567	32.498	19.369	70.188	7.870	42.539	30.839	235.964

Récolte de la canne

La récolte de la canne, à la Réunion et à Maurice, a lieu soit à l'époque de sa maturité complète au bout de 18 à 20 mois, soit au bout de 12 à 14 mois, suivant la nature des espèces de cannes cultivées et suivant que celles-ci ont été plantées en grande, moyenne ou petite saison. La coupe des cannes faite entre 12 et 14 mois donne un vesou moins riche, mais des repousses plus belles et plus vigoureuses ; de plus, elle permet de sauver la canne des atteintes des coups de vent, en ne la laissant sur pied que pendant un seul hivernage, ce qui est d'une très grande importance pour les habitants.

Nous avons vu qu'aux Antilles, et dans d'autres colonies, la canne se récoltait au bout de 13 mois et quelquefois de 9 mois, ainsi que cela se pratique en Cochinchine.

Quand les cannes sont considérées comme mûres, elles sont coupées au ras du sol et aussi nettement que possible ; on coupe tout, même les jeunes bourgeons, pour avoir une repousse d'une seule venue.

Instruments employés pour la coupe des cannes. — On se sert pour cette opération d'un sabre d'abattis ou d'une serpe à double tranchant. Deux travailleurs se placent en différents points du champ ; l'un coupe la canne au bas et la passe à son voisin qui la nettoye du revers de son sabre et l'étête, de façon à faire des tronçons de 1^m,50 à 1^m,75 de longueur. Les pailles sèches sont relevées sur les sillons et servent soit à engraisser le champ, soit pour chauffer le générateur. Les têtes de cannes sont conservées pour faire des plants et les tiges sont portées à l'usine où elles sont amoncelées sur une vaste plate-forme, avant d'être passées au moulin.

Rendement moyen des cannes a l'hectare. — Dans les pays où la canne se cultive sur des terres très fertiles, où les cyclones, les sécheresses, les maladies ou insectes ne sont pas à craindre, on peut évaluer entre 60,000 kilos et 80,000 kilos la récolte de cannes manipulables par hectare. Mais dans les contrées qui ne jouissent pas de tous ces avantages, comme la Réu-

nion et Maurice, par exemple, le rendement d'une récolte moyenne
de cannes (cannes vierges et repousses comprises), ne dépasse
point 30 à 35,000 kilog. par hectare. Ce sont là des chiffres exacts
et qui ressortent des rapports publiés par la direction du Crédit
Foncier colonial à la Réunion. La récolte des cannes vierges
est généralement plus élevée que celle des repousses. — Le
contraire a lieu quand on coupe les cannes vierges au bout de 12 à
13 mois, lorsqu'elles ne sont pas arrivées à maturité complète.

Éléments organiques et minéraux enlevés au sol a la suite
de la récolte d'un hectare. — Il est facile de se rendre compte
des pertes que font chaque année les terres plantées en cannes,
à la suite des récoltes qu'on leur demande.

Mais pour arriver à un résultat exact, il faut non seulement
considérer les 35,000 kilos de tiges de cannes que l'on enlève
chaque année, par hectare, mais aussi les feuilles de ces cannes
qui représentent 30 0/0 du poids de la tige, soit 10,000 kilos à
ajouter à 35,000 kilos, ce qui fait en tout 45,000 kilos de récolte.
Il est très rare, en effet, que l'habitant laisse les feuilles sèches
pourrir sur le sol ; il les fait presque toujours enlever pour les
porter à l'usine et les employer comme combustible.

L'analyse des cannes entières, faite par Payen, et insérée
dans le chapitre consacré à la partie chimique, nous ayant fait
connaître la composition de la canne, tiges et feuilles comprises,
pour 100 parties, il nous sera facile de calculer la proportion de
substances organiques et minérales que nos 45,000 kilos de
cannes auront prélevé sur la surface d'un hectare.

Elle sera représentée par les chiffres suivants :

Matières organiques (eau, sucre, ligneux) . . .   44.775 k.
Matières minérales.   225

Pour le carbone, l'azote, l'acide phosphorique, la potasse et
la chaux, c'est-à-dire pour les éléments les plus nécessaires à
la canne et qui font l'objet d'une restitution complète, sauf en ce
qui concerne le carbone, nous aurons :

Carbone. . . . .   6.750 k.
Azote.   40
Potasse.   38
Acide phosphorique.   14
Chaux.   17

Nous savons que les éléments organiques, sauf l'azote, sont puisés dans l'atmosphère. Un hectare, après une récolte ordinaire de cannes ne s'appauvrit donc en réalité que de 40 kilos d'azote et 225 kilos de matières minérales.

De cette minime proportion d'éléments minéraux, il ne faudrait pas conclure que la canne n'exige que des fumures très restreintes. La pratique prouve, au contraire, que si l'on se contentait de ne restituer, par hectare de cannes, que la petite proportion d'azote et d'éléments minéraux résultant de nos calculs, on n'obtiendrait que des récoltes insignifiantes. Il est vrai de dire, que, sur les terres riches, la récolte de cannes pouvant être évaluée à 80,000 kilos à l'hectare, les pertes subies par le sol représenteraient le double de celles que nous avons indiquées. Il est donc rationnel de compter les éléments de restitution au double de ce qu'ils représentent en réalité et d'établir ses fumures en conséquence. Car, si les récoltes actuelles à la Réunion, à Maurice et dans tous les terrains appauvris ne sont plus que de 35,000 kilos en moyenne à l'hectare, c'est là une situation anormale dont il faut essayer de sortir par tous les moyens que la science agricole met à la disposition des habitants, pour essayer de revenir aux belles récoltes des années antérieures qui se chiffraient par 70 à 80,000 kilos.

CHAPITRE V

MALADIE DE LA CANNE ET INSECTES NUISIBLES

Maladie de la canne produite par l'invasion parasitaire et les méthodes
vicieuses de culture. — Causes probables de la maladie. — Maladie
causée par les insectes.

BORER, insecte parfait, larve, chrysalide. — Ses ravages sur la canne.
— Moyen de le combattre. — Ennemis du borer.

POU A POCHE BLANCHE, mâle, femelle, larves. — Ennemis du pou.
Autres ennemis de la canne. — Rats, ver des Barbades, éléphants,
fourmis.

La canne à sucre, de même que la vigne, la pomme de terre
et en général toutes les espèces végétales cultivées, est sujette
à de nombreuses maladies qui sont dues tantôt à de vicieuses
méthodes de culture, à l'abus d'engrais trop azotés ayant produit une véritable dégénérescence de la plante, tantôt à une
invasion parasitaire ou à l'attaque d'insectes introduits de
pays étrangers.

Il n'est pas de colonies sucrières qui aient eu autant à souffrir
de ces différents fléaux que la Réunion et Maurice. Nous ne
pouvons donc mieux faire que d'étudier ces fléaux sur les lieux
mêmes où ils ont sévi avec le plus d'intensité.

Maladie de la canne produite par l'invasion parasitaire et
les vicieuses méthodes de culture. — La *maladie* de la canne
telle qu'elle a été observée à Maurice et à la Réunion présente
les caractères suivants. Elle procède de l'extérieur à l'intérieur
et de la circonférence au centre.

Les feuilles offrent d'abord une coloration particulière,

perdent leur couleur verte et leur souplesse, pâlissent et présentent une certaine induration, puis finissent par se dessécher. La tige ne tarde pas à s'atrophier, l'extrémité se dessèche, les racines pourrissent. Cette maladie apparaît dans les champs de cannes comme de grandes taches jaunes existant en certains endroits, et renfermant des germes de destruction.

En observant au microscope les feuilles et les tiges des cannes malades, on découvre surtout à la surface interne de la gaîne des feuilles, comme une toile légère d'araignée, une espèce de mousse blanche, au-dessous et dans les environs de laquelle l'épiderme présente des petites taches, d'abord jaunâtres, puis brunes, enfin d'un rouge vif. Cette mousse ne paraît être autre chose que le cryptogame qui constitue la maladie ; à moins cependant qu'il n'en soit que la conséquence. On a observé qu'à mesure que ce champignon se développe et que ses filaments augmentent en étendue, les taches deviennent plus prononcées et la maladie progresse davantage. Les moisissures gagnent jusqu'aux extrémités des mérithalles et aux racines.

En poussant plus loin l'examen microscopique de ces moisissures, on aperçoit des corpuscules ronds et isolés et d'autres composant des filaments formés par des sporules unis bout à bout. Ces spores sont extrêmement légers et se propagent sans doute au moyen des vents qui les portent sur les sujets présentant un milieu favorable à leur développement.

Presque toutes les espèces introduites à la Réunion ou à Maurice ont été la proie de cette maladie, après avoir parcouru une carrière végétale plus ou moins longue et plus ou moins brillante. Ce n'est que par des apports constants d'espèces nouvelles et étrangères que la culture de la canne se soutient. Et il en sera toujours ainsi tant que l'agriculture coloniale recherchera la spéculation et l'exploitation du sol à outrance au lieu de s'appuyer sur les méthodes sages, prudentes et conservatrices de la culture européenne. Le mal est ancien, profond et sera difficile à déraciner ; car, aux colonies, on ne recherche pas les acquisitions de domaines, après fortune faite et comme placement de capitaux, ainsi que cela a lieu en France. Bien loin de là, l'achat d'une habitation se fait presque toujours avec de faibles capitaux, en vue d'une fortune prompte à réaliser. Alors tous les moyens sont bons pour atteindre le but qu'on se propose ; on force tous les ressorts de la production, on ne tient que rarement compte des lois de la restitution et de la conservation de la fécondité des sols. Aussi arrive-t-on fatalement à l'épuisement du sol, à la dégénérescence et à la maladie des plantes, et à la ruine des habitations!

MALADIE CAUSÉE PAR LES INSECTES. — En dehors de la maladie dont nous venons de parler, la canne est encore attaquée par un grand nombre d'insectes dévastateurs, tels que : le *borer* (tortrix saccharifaga), le *pou à poche blanche* (coccus sacchari), le *gasteralphes iceryi*, le *lecanium guerinii*, *l'aleurodes berghii*, le *delphax saccharivora*, le *diathrœa sacchari*.

Nous ne parlerons que des deux premiers, le *borer* et le *pou à poche blanche*, qui ont fait subir à la Réunion et à Maurice de si grandes pertes.

Borer

Le *borer* (tortrix saccharifaga) se rapporte par ses caractères au groupe des lépidoptères nocturnes, nommé par Fabricius pyralis et désigné sous le nom de *tortrix* ou *tordeuses* par Linné et la plupart des entomologistes modernes.

INSECTE PARFAIT OU PAPILLON. — A l'état parfait, le borer est un papillon de petite taille, de couleur gris cendré; l'abdomen qui ne dépasse pas les ailes dans l'état de repos est terminé par une houpe de poils. La femelle est plus petite que le mâle; ses ailes sont plus larges et son abdomen est dépourvu de poils; de plus elle ne peut voler comme les mâles, elle saute.

Ces deux papillons sont essentiellement nocturnes. Le jour, ils restent blottis dans les herbes et les brousses; ils ne sortent que le soir pour s'accoupler.

Le lépidoptère femelle choisit la partie inférieure des jeunes plants enveloppée par des feuilles engaînantes pour déposer ses œufs.

LARVE. — La petite larve qui éclôt se creuse d'abord une cellule dans le plan horizontal de la tige; plus tard elle se fera un terrier du canal médullaire en s'avançant de bas en haut.

La chenille du borer arrivée à son entier développement (et c'est sous cet état qu'elle exerce tant de ravages sur la canne) ressemble à un ver de grand coléoptère; elle peut atteindre jusqu'à 0^m.025 de longueur. Elle est de forme cylindrique et allongée, munie de seize pattes et d'une tête noire, forte, résistante, formée de deux calottes écailleuses aux parties latérales desquelles sont les yeux. La bouche se compose de deux fortes mandibules cornées et tranchantes, deux mâchoires latérales, une lèvre intérieure mince et coupante. Sa couleur est blanche et pâle avec quelques taches noires sur les segments, et trois raies longitudinales parallèles et de couleur rosée pâle se dessinent sur le vaisseau dorsal de chaque côté.

CHRYSALIDE. — La larve subit des mues avant de se transformer en chrysalide. Le borer vit seize jours en cet état; la chrysalide est molle, cuivrée à reflet métallique, avec les anneaux bien dessinés en dessus et les ailes en dessous.

Elle se trouve à l'aisselle des feuilles sèches ou dans le fond des trous de canne.

SES RAVAGES SUR LA CANNE. — A peine sortie de son œuf, la jeune chenille se met à ronger la tige des cannes. Des taches, des eschares, des échancrures du tissu végétal révèlent sa présence. Le mouvement de la tête qui pivote sur les premiers anneaux fait que l'échancrure est toujours taillée sur le même patron dans ses diverses courbures.

Quand le borer attaque une tige de canne déjà forte, celle-ci peut à la rigueur résister à ses attaques bien que la partie perforée soit toujours le siège d'une fermentation et devienne très fragile et susceptible de se briser sous l'influence des fortes brises. Mais quand cette larve, ce qui malheureusement est son habitude, se jette sur les tiges jeunes et tendres qui sortent des bourgeons, le mal est sans remède et la dévastation sans limites.

Que de fois l'habitant est obligé de replanter ses champs de cannes dévorés entièrement par le borer, afin d'être assuré d'avoir une récolte au bout de son année!

Cet insecte a été introduit de Java où l'on était allé chercher des espèces nouvelles.

Dans cette contrée, il existe à l'état endémique pour ainsi dire

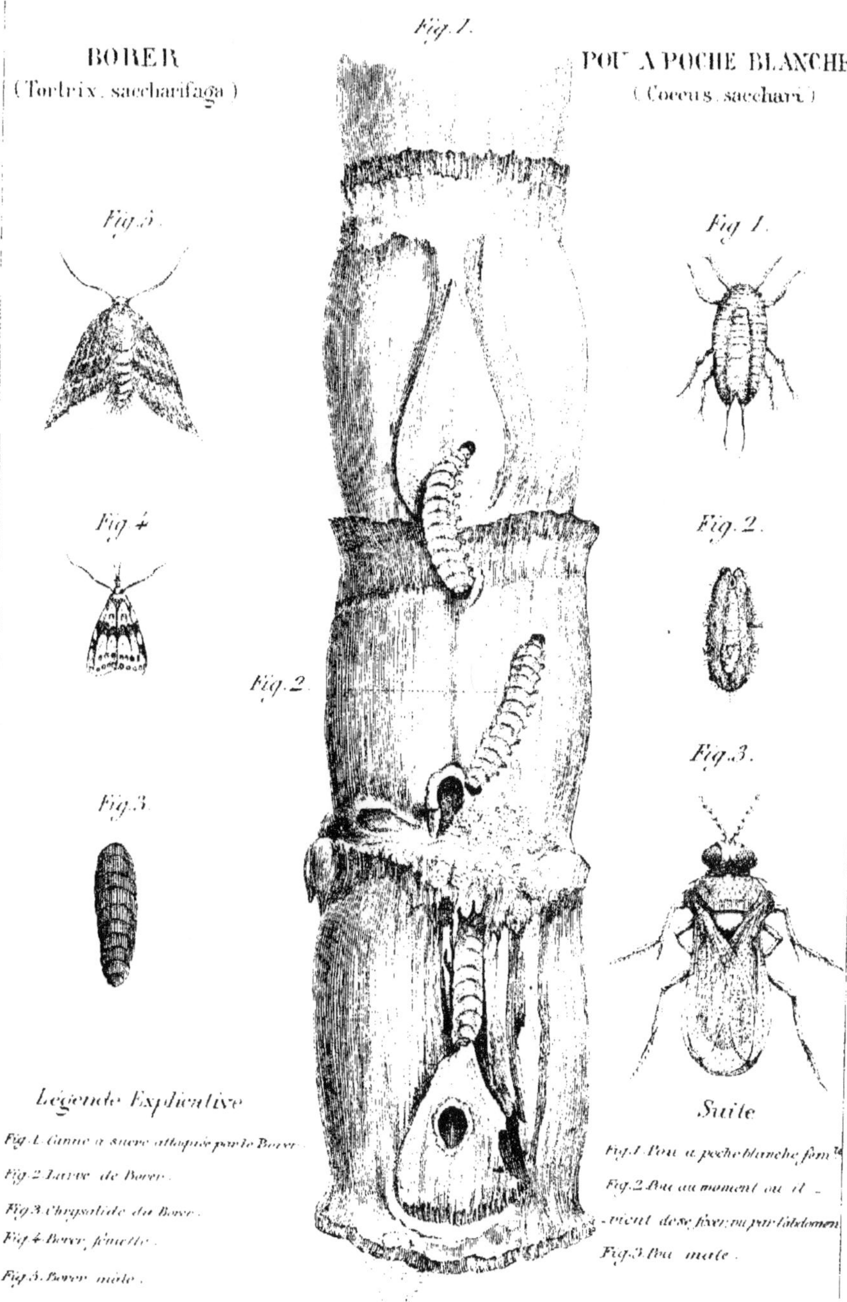

Légende Explicative

Fig. 1. Canne a sucre attaquée par le Borer.

Fig. 2. Larve de Borer.

Fig. 3. Chrysalide du Borer.

Fig. 4. Borer femelle.

Fig. 5. Borer mâle.

Suite

Fig. 1. Pou a poche blanche fem.

Fig. 2. Pou au moment ou il vient de se fixer vu par l'abdomen.

Fig. 3. Pou mâle.

Paris, Imp. Dulcernoy, 34, r. du Four.

et ne prélève qu'un tribut modéré sur les champs de cannes. En Cochinchine, nous l'avons rencontré également, n'exerçant sur les cannes que des désordres peu apparents.

Il faut espérer qu'à Maurice et à la Réunion, il finira par s'acclimater comme à Java et deviendra tolérable pour les cultures.

Moyens de combattre le borer. — En attendant, on le combat par différents moyens.

D'abord en brûlant les amas d'herbes sèches et de feuilles où les chrysalides et les papillons se réfugient le jour. Puis en tenant les champs très propres et en y envoyant des escouades de petits noirs lesquels, armés d'un couteau et d'une bouteille, fendent toutes les jeunes tiges récemment attaquées par le borer, en retirent la larve et la renferment dans le vase préparé pour cet usage. Ce moyen, bien que grossier, réussit encore mieux que tous ceux qu'on a voulu essayer, tels que insecticides, barriques d'eau éclairées au milieu par un petit fallot pour brûler et noyer les papillons nocturnes, etc.

Les borers ont heureusement des ennemis qui leur font, à l'état de larves ou de papillons, une guerre acharnée. Ce sont les *martins* ou *merles des Philippines* qui, introduits pour amener la destruction des sauterelles, se sont montrés depuis très friands des borers. Une sorte de lézard, importé probablement en même temps que les cannes borrérées et venant de Java, la *galéote versicolore*, connue à la Réunion sous le nom de *caméléon*, fait également une chasse impitoyable aux borers. Enfin une espèce de *libellule*, de la tribu des névroptères, détruit également beaucoup de papillons. Malheureusement elle n'est pas assez commune pour constituer un ennemi sérieux à cet insecte dévastateur.

Pou à poche blanche

Le *pou à poche blanche* (coccus sacchari) appartient au genre *coccus* de Linnée, *dorthésie*, de Bosc, ordre des hémiptères, tribu des homoptères.

MÂLE. — Le mâle et la femelle diffèrent, le premier seul a des ailes. Le mâle est beaucoup plus petit et beaucoup plus rare puisqu'on n'en trouve qu'un sur deux ou trois cents femelles. C'est un insecte très vif aux ailes tachetées de noir et de blanc se croisant en dessus ; il voltige autour des femelles et se promène sur leur dos pour les féconder. Après l'accouplement, il se retire sous quelque feuille et ne tarde pas à mourir.

FEMELLE. — La femelle a le corps aplati, mou, convexe en dessus, globuleux. Il est couvert d'une poussière blanchâtre et entouré de poils ou filaments légers qui, à mesure que l'insecte vieillit, durcissent pour lui former une coque. Elle a 3 paires de pattes très petites, à trois articulations. Les œufs, au nombre de 5 à 600, sont fixés sous le ventre de la femelle, serrés en chapelet et entourés d'une *poche blanche*, qui n'est pas autre chose que l'abdomen de la femelle qui s'est enflé progressivement.

LARVES. — Attachées à l'épiderme des feuilles, la trompe implantée dans le parenchyme, les femelles et leurs larves épuisent le suc de la plante qui jaunit, se dessèche et meurt comme si elle avait été empoisonnée.

ENNEMIS DU POU. — Comme pour tous les insectes du genre coccus, les plus grands ennemis des poux à poche blanche sont les pluies continues et les oiseaux. Leurs dévastations s'exercent principalement dans les terrains secs. Dans tous les cas, ce fléau est beaucoup moins à craindre pour la canne que le borer.

AUTRES ENNEMIS DE LA CANNE. — Dans d'autres pays, aux Antilles par exemple, les principaux ennemis de la canne sont les *rats* qui rongent les tiges les plus succulentes, et un gros ver qu'on appelle *ver grougrou* ou des *Barbades*.

Dans l'Inde, les cannes sont ravagées par des *fourmis* et par des *éléphants* qui sont très friands des tiges tendres et sucrées de la succulente graminée. A la Guyane, la *fourmi manhioc* s'attaque aux jeunes plants et détruit des champs entiers de fond en comble.

CHAPITRE VI

FABRICATION DU SUCRE

EXTRACTION DU VESOU. — Moyens employés pour l'extraction du vesou. — Flangourin. — Moulins à 3 cylindres. — Moulins à 4 cylindres. — Double pression de la bagasse. — Défibreur Faure. — Lavage méthodique des cossettes. (Diffusion).

DÉFÉCATION. — Son but. — Défécation à la chaux. — Ses avantages et ses inconvénients. — Double carbonatation. — Matériel nécessaire à cette opération. — 1e carbonatation. — Filtre-presses. — 2e carbonatation. — Four à gaz. — Défécation au mono-sulfite de chaux. — Motifs de l'emploi de ce procédé à Maurice. — Autres procédés de de défécation.

DÉCANTATION ET FILTRATION. — Dangers de la décantation dans les usines coloniales. — Différents procédés de filtration. — Filtration sur toile, sur pâte à papier, sur sable, sur noir, filtre-presses.

ÉVAPORATION. — Clairce. — Effets pernicieux de la chaleur trop élevée sur le sucre cristallisable. — Procédés employés pour l'évaporation du vesou. — Appareils à feu nu et à air libre : Équipage du père Labbat. — Batterie Gimart. — Batterie Adrienne. — Appareils à évaporation dans le vide et à basse température : Triple effet.

CONCENTRATION ET CUITE. — Appareil Wetzel. — Appareil à cuire dans le vide. — Concretor Fryer. — Procédé Alvaro-Reynoso par le froid.

CRISTALLISATION. — TURBINAGE. — DESSICATION. — EMBALLAGE. — RECUITE DES SIROPS. — 1er jet, 2e jet, 3e et 4e jet.

Opérations nécessitées par la fabrication du sucre. — La fabrication du sucre, aux colonies, comporte les opérations suivantes :

1° L'Extraction du vesou.
2° La défécation.
3° La décantation et la filtration.
4° L'évaporation du vesou.
5° La concentration des sirops et la cuite.
6° La cristallisation, le turbinage, la dessication et l'emballage.
7° La recuite des sirops.

1° Extraction du vesou

Moyens employés pour l'extraction du vesou. — L'extraction du vesou des cannes se fait généralement au moyen de moulins constitués par trois gros cylindres en fonte, horizontaux, légèrement écartés les uns des autres, tournant en sens inverse, et actionnés par la vapeur. Les cannes sont introduites verticalement entre les cylindres et broyées. Le vesou, plus ou moins sali par toutes les impuretés qui accompagnent la canne et d'autant plus trouble et impur que la pression a été plus forte, s'écoule dans de grands vases en cuivre nommés *défécateurs*, et le ligneux ou *bagasse* est rejeté, desséché et employé plus tard comme combustible.

Flangourin. — On se servait autrefois dans les usines coloniales d'un moulin vertical en bois, mis en mouvement par des animaux ou par le vent. Cet instrument portait le nom de *flangourin*; il faisait fort peu de travail effectif, et les cannes qui en ressortaient renfermaient encore au moins la moitié de leur jus.

Moulins en fonte a 3 cylindres. — Ce n'est guère qu'en 1817 qu'on établit à la Réunion un moulin en fonte, mû par la vapeur, de la force de 6 chevaux.

Plus tard l'industrie sucrière se perfectionna; des usines particulières et des usines centrales, ces dernières aux Antilles, munies de l'outillage le plus complet, s'édifièrent de toutes parts. Et aujourd'hui on trouve dans toutes nos colonies de beaux et magnifiques établissements qui ne le cèdent en rien à ceux qui extraient le sucre de la betterave en Europe.

Le moulin à trois cylindres est un instrument commode, mais

bien imparfait. Car il ne permet pas d'extraire industriellement des cannes, plus de 65 à 66°/₀ de vesou en moyenne. L'on
sait que celles-ci en contiennent 90°/₀. C'est donc une différence
. de 25 °/₀ qui reste encore dans la bagasse.

MOULINS A 4 CYLINDRES. — Avec des moulins très puissants,
à 4 cylindres, marchant très lentement, on peut obtenir 68 à
70 °/₀ de jus; mais ces moulins sont très encombrants, coûtent
fort cher, dépensent beaucoup de vapeur et ne vont pas assez
vite.

DOUBLE PRESSION DE LA BAGASSE. — Par la double pression de
la bagasse, soit sèche telle qu'elle sort du moulin, soit légèrement arrosée, on peut également obtenir 8 à 10 °/₀ de vesou en
plus. — Mais cette opération exige un double moulin, placé à
la suite du premier, ce qui est une dépense assez forte. Puis,
le vesou de seconde pression, surtout quand il a été humecté
avec de la vapeur d'eau ou de l'eau tiède, est plus aqueux que
le premier, ce qui exige plus de combustible pour l'évaporer; et
comme il est plus riche en glucôse, il produit plus de mélasse.
Enfin la bagasse qui provient de cette seconde manipulation est
très divisée et presque impropre à servir de combustible.

Malgré cet inconvénient, beaucoup de grandes usines se li-
vrent au repassage de la bagasse qui, tout compte fait, leur permet de retirer de leurs cannes 1 °/₀ de sucre en plus.

Le moulin, quelque puissant qu'il soit, ne pourra donc jamais
extraire de la canne, même avec double pression, plus de 70 à
72 °/₀ de jus sucré. Ce n'est donc pas de ce côté là qu'il faut
chercher pour arriver à un maximum de rendement.

DÉFIBREUR FAURE. — Monsieur Faure a préconisé un autre
procédé qui, jusqu'à ce jour, n'a encore été essayé que sur une
échelle très restreinte. Il consiste à défibrer grossièrement la
canne et à presser cette pulpe soit entre les cylindres d'un moulin ordinaire, soit au moyen d'une forte presse hydraulique. Les
expériences faites en petit ont donné des chiffres qui varient
entre 75 et 80 °/₀ de vesou. Cet appareil serait-il applicable dans
nos usines coloniales où l'on est tenu de travailler rapidement
et avec un outillage très simple? L'avenir nous l'apprendra.

Procédé de lavage des cossettes ou diffusion. — Le seul procédé qui nous paraisse réellement scientifique et qui a pour lui la sanction de l'expérience et de la pratique en Europe, le seul en un mot qui permette d'espérer une extraction à peu près complète du jus de la canne, c'est le *lavage méthodique* à l'eau tiède de la canne coupée en cossettes, connue sous le nom de *diffusion*.

Mais l'application de cette méthode aux colonies entraînerait un tel changement dans les habitudes et dans le travail des usines qu'il se passera encore bien du temps avant qu'on ne songe à l'employer. C'est là cependant qu'est le progrès et l'avenir de l'industrie sucrière.

2° Défécation

Son but. — Le but de la défécation est de débarrasser le vesou de toutes les matières étrangères qu'il contient au sortir du moulin et de tous les produits acides ou fermentescibles qui détruiraient une partie de son sucre cristallisable. Les procédés les plus généralement suivis aux colonies sont : la *défécation à la chaux*, la *double carbonatation* et la *défécation au mono-sulfite de chaux*.

Défécation a la chaux

Le vesou en sortant du moulin tombe, après filtration à travers une toile métallique qui retient les mâchures de bagasse, dans les défécateurs, grands vases en cuivre à double fond qui renferment généralement 5 barriques de vesou (12 hect. 1/2). A l'aide d'un robinet, on lance de la vapeur sous le défécateur de façon à élever la température du liquide à 75° environ. C'est alors le moment de l'additionner d'un lait de chaux, qui se fait en délayant dans l'eau de la chaux grasse et pure de façon à ce que le mélange soit à 14° B°. La dose est de 150 à 300 grammes de chaux par 1,000 litres de vesou. La chaux doit être ajoutée en plusieurs fois jusqu'à ce qu'on ait obtenu une réaction neutre au papier de tournesol ou légèrement alcaline et que le vesou placé dans une éprouvette ou une cuillère d'argent se sépare nettement en deux parties, une claire et limpide et une autre constituant le dépôt bien formé.

On agite ensuite le liquide avec un ringard en bois, on élève sa chaleur jusqu'à l'ébullition, puis on laisse quelque temps en repos. Toutes les impuretés montent à la surface et constituent ce qu'on appelle le *chapeau.*

EFFETS DE L'ADDITION DE LA CHAUX. — Le vesou est traité par la chaux, dans le but de neutraliser son acidité et de former des sels insolubles. Sous l'influence de la chaleur, la plus grande partie de l'albumine du jus de la canne est coagulée ; elle entraîne dans ses mailles les matières étrangères et une portion de la matière granulaire. La chaux s'unit également à l'albumine pour former un albuminate de chaux insoluble. Les écumes de défécation, qui proviennent de la précipitation de toutes ces matières, renferment entre autres substances : de la *cérosie,* de la *matière colorante,* des *phosphates de chaux* et *de magnésie, de l'oxyde de fer* et *de la silice.*

INCONVÉNIENTS DE LA DÉFÉCATION A LA CHAUX. — Bien que la défécation à la chaux offre de grands avantages et qu'elle soit surtout d'une application facile, elle présente néanmoins de grands inconvénients. D'abord, malgré toutes les précautions, il est presque impossible d'éviter un excès de chaux, qui se combine partie avec le sucre cristallisable pour former du *saccharate de chaux* insoluble, et partie avec le glucose pour donner naissance à des produits solubles visqueux et noirs, des *glucates* et *sulfoglucates* de chaux qui non seulement sont incristallisables, mais empêchent le sucre de cristalliser. La chaux enfin n'élimine pas l'albumine non coagulable par la chaleur, laquelle renferme une matière déliquescente si favorable à la formation des substances visqueuses et gommeuses des sirops.

DOUBLE CARBONATATION

La double carbonatation a pour but de nettoyer les vesous de l'excès de chaux résultant de la défécation, et, par conséquent, de remédier en partie aux inconvénients et aux pertes que nous venons d'énumérer.

Matériel nécessaire à cette opération. — Cette opération exige un matériel assez considérable :

5 bacs, trois de première carbonatation, deux de seconde carbonatation. Ils ont une forme ronde ou carrée et sont munis de deux ou trois tours de serpentins de vapeur placés au fond des chaudières ;

Des tubes en fer, au nombre de cinq ou six percillés de trous, disposés en étoile et destinés à injecter le gaz acide carbonique au milieu du liquide ;

Des filtre-presses qui séparent mécaniquement les jus clairs des écumes rejetées sous forme de tourteaux solides ;

Un four à gaz acide carbonique ;

Une pompe à gaz.

Pratique de l'opération. — Au sortir du moulin, les jus doivent recevoir une certaine addition de chaux, de façon à accuser une réaction *alcaline* bien prononcée et être nettoyés de toutes les parties végétales et autres impuretés, conséquence de l'écrasement des cannes.

Première carbonatation. — Cela fait, les jus sont conduits dans les chaudières de première carbonatation, où ils reçoivent le complément de la chaux jugée nécessaire. On introduit alors l'acide carbonique, des mousses abondantes se forment. Aussitôt qu'elles sont affaissées, on ouvre modérément le robinet de vapeur et on élève graduellement la température, de façon à atteindre 60° à 70° à la fin de l'opération. La saturation par l'acide carbonique est jugée suffisante lorsque, prenant une petite quantité de jus dans une éprouvette, on voit le dépôt se former rapidement et le liquide s'éclaircir ; on arrête alors et la vapeur et l'acide carbonique.

Filtre-presses. — Les liquides sont envoyés aux filtre-presses, constitués, comme chacun le sait, par des châssis verticaux mobiles en fonte recouverts d'une toile métallique portant des filtres en toile fortement serrés les uns contre les autres, à l'aide d'une vis ; l'introduction des liquides à filtrer et leur passage à travers les toiles ont lieu au moyen de la vapeur. Le jus clair sort par des robinets situés au bas de la caisse de chaque châssis, et le gâteau sec de matières solides pressées est recueilli très facilement en dévissant les châssis à la fin de l'opération.

Deuxième carbonatation. — On fait à ces jus filtrés une nouvelle addition de chaux, puis on introduit l'acide carbonique et la vapeur et on maintient la température à 75°. Aussitôt qu'une épreuve indique la séparation du dépôt, on arrête l'acide carbonique, on porte le jus à l'ébullition pour chasser les bi-carbonates formés pendant l'opération et on dirige une seconde fois le jus vers les filtre-presses.

Les jus ainsi obtenus sont d'une limpidité parfaite et franchement décolorés si l'opération a été bien conduite.

Point délicat de l'opération. — La partie délicate de la carbonatation consiste dans le point d'arrêt de l'injection du gaz acide carbonique. Si on arrête trop tôt, le liquide reste louche et le dépôt ne se fait pas. Si on pousse l'opération trop loin, on s'expose à redissoudre des matières organiques et les cuites sont longues et d'une cristallisation difficile.

Mais, pour remédier à ces difficultés, on se sert du procédé de Possoz, qui permet, à l'aide de liqueurs spéciales, de doser le taux d'alcalinité des jus sucrés et de n'y laisser de chaux libre que la quantité nécessaire à une bonne cristallisation.

Four a gaz. — Le four à gaz pour la production de l'acide carbonique est d'une construction très simple et peu coûteuse, On y brûle soit du charbon de bois, soit du coke ; une pompe à air aspire le gaz acide carbonique, provenant de la combustion de l'une ou l'autre de ces substances, en le forçant à traverser un vase laveur rempli d'eau où il dépose ses impuretés et le refoule ensuite dans les bacs à carbonater.

On voit de suite les avantages de ce procédé qui donne au vesou une épuration difficile à obtenir par tout autre moyen.

Défécation au mono-sulfite de chaux.

Cette méthode est surtout employée à Maurice pour obtenir des sucres très blancs destinés à approvisionner le grand marché de l'Inde.

Motifs de l'emploi de ce procédé. — On sait que les Indous, partisans de la métempsychose, s'abstiennent presque tous de manger la chair des animaux et ont, en particulier, un véritable culte pour le bœuf. Ils regarderaient donc comme une profanation l'emploi du *noir animal* dans l'épuration des jus sucrés et ne consentiraient sous aucun prétexte à consommer un sucre qui aurait été préparé à l'aide de cette substance. Pour le chimiste, le noir animal n'est autre chose que du phosphate de chaux mêlé d'un peu de charbon; pour l'Indien, le noir d'os revêt un caractère presque sacré.

Qui peut lui dire, en effet, si les noirs ossements qui servent à l'épuration des vesous n'ont point été hantés par l'âme d'un Brahme ou de quelqu'autre saint personnage ? Aussi les négociants indiens surveillent-ils de fort près la fabrication du sucre destiné à être transporté à Bombay et refuseraient-ils de prendre livraison de cette denrée s'ils soupçonnaient qu'elle eût été obtenue à l'aide du noir animal !

Les planteurs de Maurice, respectant les scrupules de leurs clients et désireux de conserver l'écoulement de leurs sucres vers l'Inde, ont tourné la difficulté. Ils emploient, pour cette fabrication spéciale, le procédé d'un de leurs savants compatriotes, le Docteur Icery, procédé dit au *mono-sulfite de chaux*. Il consiste à produire dans un récipient *ad hoc* de l'acide sulfureux au moyen de la combustion du soufre et à faire barboter le gaz dans un lait de chaux jusqu'à ce que le liquide soit saturé et ait acquis une densité déterminée.

La défécation se fait à la manière ordinaire à l'aide du mono-sulfite de chaux, jusqu'à neutralisation. La proportion de bouillie de mono-sulfite ajoutée au vesou est généralement de 2 1/2 0/0.

Avantages et inconvénients de ce genre de défécation. — Ce genre de défécation a l'avantage de donner des jus très épurés, d'enrayer les fermentations et de produire un sucre d'une blancheur éclatante. Mais il donne, en revanche, des rendements très faibles; il est, en effet, très difficile, pendant les différentes opérations de fabrication, d'éviter la transformation d'une très petite quantité d'acide sulfureux en acide sulfurique. Et alors la présence de cet acide énergique a pour effet d'intervertir une assez forte proportion de sucre cristallisable. On a reconnu également que ce sucre ne se conserve pas très bien. Les Mauritiens néanmoins compensent ces désavantages en vendant leurs sucres, aux négociants Indiens, à un prix très élevé, 70 à 80 fr. les 100 kilos.

AUTRES PROCÉDÉS DE DÉFÉCATION. — On a encore essayé bien d'autres procédés de défécation, sans avoir encore détrôné la méthode si simple de défécation à la chaux. C'est ainsi qu'on s'est servi du *sous-acétate de plomb,* du *chlorure d'aluminium,* du *phosphate d'ammoniaque,* du *phosphate acide de chaux,* des *acides oléique* et *stéarique,* de *l'acide pectique,* du *tannin* et des *sels d'alumine.* — M. Plicque a proposé en dernier lieu l'*aluminate de baryte,* sel soluble dans dix fois son poids d'eau. La défécation se fait à froid. On filtre et on élimine l'excès d'aluminate par du sulfate de baryte.

3° Décantation et Filtration

Dans les conditions habituelles de la fabrication coloniale, la défécation ne suffit pas pour purifier complètement le vesou ; il renferme encore beaucoup de matières étrangères en suspension et n'a point toute la limpidité désirable. Le plus généralement, au sortir des défécateurs, on reçoit le vesou dans des bacs à décantation où on le laisse en repos pendant un certain temps. C'est là une opération vicieuse qui ne peut que nuire à la qualité des jus en provoquant des fermentations qui augmentent la proportion de sucre incristallisable aux dépens de sucre cristallisable. L'important, quand la fabrication est commencée, est d'aller vite, et, une fois la défécation faite, de porter le plus promptement possible le vesou dans les appareils à cuire. Nous condamnons donc impitoyablement la décantation et nous lui préférons de beaucoup la filtration à travers des filtre-presses, qui seuls peuvent donner des jus parfaitement épurés.

Les filtrations à la pâte de papier sans colle sur des toiles ou sur du sable ne valent pas le procédé du filtre-presse. — Quand on veut faire du sucre très blanc, on emploie la filtration au noir, soit seule, soit après la double carbonatation. — Ce moyen, qui a été à peu près abandonné à Maurice et à Bourbon depuis la dernière législation sur les sucres, non seulement décolore et purifie les vesous et les sirops, mais il enlève aux jus l'excès de chaux que la défécation y avait introduite.

L'emploi du filtre-presse tend à se généraliser dans les usines coloniales. On s'en sert déjà depuis longtemps pour extraire le jus des écumes de défécation, au lieu de ces lourdes et incommodes presses qui marchent avec une lenteur désespérante, donnent un liquide toujours très fermenté et très riche en glucôse qu'on a le tort de mélanger au vesou, et qui laissent dans les écumes un bon tiers du sucre qu'elles renfermaient.

4° Evaporation du vesou

Quand le vesou a été défécqué et filtré dans les meilleures conditions possibles, il ne reste plus qu'à le cuire. On lui fait d'abord subir une première évaporation qui le porte à une concentration de 25 à 30° B°. A cet état il prend le nom de *clairce*. C'est le moment d'étudier les modifications que la la chaleur fait éprouver aux jus sucrés, lorsqu'ils sont portés à une température trop élevée.

Effets pernicieux de la chaleur sur le sucre. — La chaleur est un véritable ennemi pour le sucre, et elle est pour le vesou une cause nouvelle d'inversion et de coloration. Il résulte, en effet, d'expériences faites sur le jus sucré de la canne, soumis pendant plus ou moins de temps à l'action de la chaleur, que toute température supérieure à 66° change rapidement le sucre cristallisable en glucôse, et que ce dernier corps une fois formé a la propriété de transformer *deux fois son propre poids* de sucre cristallisable en sucre incristallisable. Plus la chaleur est intense et de longue durée et plus il y a de glucôse de formé. Et de même plus un vesou, au sortir du moulin, était riche en sucre incristallisable (et nous avons vu que cette proportion pouvait atteindre 0,30 % à 60 % de glucôse) et plus l'inversion du sucre cristallisable trouvait d'aliment.

De plus le vesou, après défécation, renferme presque toujours des sels alcalins et un excès de chaux. La chaleur aidant, ces sels réagissent sur le sucre cristallisable et augmentent la proportion des produits noirs dont nous avons parlé.

La chaleur produit donc sur le sucre de pernicieux effets. Aussi le problème à résoudre dans la fabrication du sucre consiste-t-il à évaporer le vesou le plus rapidement possible et à des températures très basses !

PROCÉDÉS POUR L'ÉVAPORATION DU VESOU. — L'évaporation du vesou se fait encore aujourd'hui dans deux sortes d'appareils.

1° Dans des *appareils à feu nu et à air libre.*

2° Dans des *appareils fermés*, dits *à vide et à basse température.*

APPAREILS A FEU NU ET A AIR LIBRE. — Le premier appareil dont on s'est servi pour l'évaporation du vesou est celui désigné sous le nom d'*Équipages du père Labbat.* Il se composait de cinq chaudières en fonte, placées à la suite les unes des autres et encastrées dans un fourneau qui les chauffait directement.

La première portait le nom de *grande*; le jus y arrivait en premier lieu et y était soumis à la défécation.

La deuxième s'appelait la *propre*, on y transvasait le vesou déféqué à l'aide d'une grande cuiller; il y subissait une première évaporation.

La troisième portait le nom de *flambeau* et la quatrième celui de *sirop*. Le vesou y était concentré à 30° B°.

Enfin la cinquième s'appelait *batterie*; le sirop y cuisait à gros bouillon en faisant entendre un bruit cristallin particulier. On y poussait la concentration jusqu'à cristallisation. En sortant de là le sucre était porté dans des formes où, après de longs mois, la mélasse se séparait plus ou moins complètement du sucre cristallisable.

Cet appareil fut usité pendant longtemps dans toutes nos colonies. A la Réunion, il a été remplacé par la *batterie Gimart*, qui se compose de 6 à 7 chaudières en cuivre, rectangulaires, cylindriques au fond, placées bout à bout et séparées par des diaphragmes. Les 3 dernières, les plus éloignées de l'ouverture du foyer, communiquent entre elles; la 3° avec la 1°; la 2° est libre. Le fond présente une pente accentuée d'arrière en avant qui se dirige vers le foyer, de façon que le liquide sucré, entré par la 7° chaudière, parcourt successivement toutes les autres.

La défécation se fait dans la dernière chaudière et la concentration dans la 2°. Le vesou étant porté à l'ébullition par les flammes du foyer qui passent au dessous de la batterie, il s'établit un double courant de l'avant à l'arrière et *vice versa*, qui a l'inconvénient de mélanger continuellement les écumes au vesou, bien que celles-ci soient entraînées vers la 1re chaudière à l'aide d'une grande règle en bois qui porte le nom de *sabre*.

L'avantage de cet appareil consistait dans l'emploi d'un plus petit nombre d'hommes, et on évitait le transvasement des liqueurs sucrées d'une chaudière à une autre avec une cuiller, mais il était encore bien défectueux, et on l'a remplacé, toutes les fois que la chose a été possible, par l'appareil à triple effet.

A Maurice, on se sert de la *batterie Adrienne*, qui n'est également qu'une modification des équipages du père Labbat. Elle se compose de 7 chaudières hémisphériques en potin, se touchant par des bords aplatis. Elles sont enclavées dans un rebord qui arrête les écumes ; les deux chaudières de l'arrière sont isolées au moyen d'un madrier placé en travers sur la cloison de séparation des 2e et 3e chaudières ; la défécation se fait dans la 5°. Une soupape à levier placée dans le madrier de séparation donne passage aux jus déféqués qui se déversent successivement dans les autres chaudières. Le transbordement des jus a lieu à la cuiller. Cette batterie, universellement adoptée à Maurice, donne de jolies claires ; elle a pour elle le mérite du bon marché, et elle est entrée tout à fait dans les habitudes de la sucrerie mauritienne.

Aux Antilles, où les usines centrales sont plus répandues que partout ailleurs, ces appareils sont remplacés par des appareils à vide et à triple effet.

Évaporation dans le vide et à basse température. — Les trois appareils précédents ont été remplacés avec avantage, dans les nouvelles usines, par *l'appareil à triple effet*. Il se compose de trois grandes chaudières cylindriques verticales dans l'intérieur desquelles se trouvent des serpentins destinés à recevoir la vapeur d'échappement des machines et à évaporer le vesou. Toutes ces chaudières communiquent entre elles et sont munies d'un condenseur et d'une pompe à air servant à diminuer la pression de l'air et à abaisser la température en formant le vide.

On a donné à cet appareil le nom de *triple-effet* parce que la même vapeur produit trois effets successifs. La première reçoit la vapeur d'échappement des machines. La seconde est chauffée par la vapeur qui a passé dans la première et par la vapeur d'évaporation du jus. La troisième reçoit enfin les vapeurs provenant de la seconde, de sorte qu'en résumé il y a là trois effets produits par la même vapeur.

Le vesou sort du triple-effet à l'état de clairce, à 25° B°.

Les avantages de cet appareil sont considérables. Il donne d'abord une grande économie de combustible et de main-d'œuvre, et le vesou, concentré dans le vide à basse température et à l'abri de l'air, ne subit presque pas d'altérations.

5° Concentration et cuite

Les deux appareils le plus généralement employés pour la cuite du sucre sont : *l'appareil Wetzel à basse température*, et *l'appareil à cuire dans le vide*. Nous parlerons également du *concretor Fryer* et du *procédé Alvaro Reynoso* fondé sur l'emploi du froid.

Appareil Wetzel. — *L'appareil Wetzel* a été inventé par l'ingénieur Wetzel, qui fut envoyé de France à la Réunion pour étudier les perfectionnements à apporter dans la concentration du jus sucré de la canne. Frappé des inconvénients qu'offraient les chaudières à feu nu pour la cuite du sucre, il songea à les remplacer par un procédé plus simple.

L'appareil qu'il fit construire se compose de plusieurs chaudières en cuivre, demi-cylindriques, à double fond, chauffées par la vapeur provenant de l'échappement des machines. On y fait arriver la clairce à 25° et on la conduit au point de concentration voulu avec une température qui ne dépasse guère 65° à 70°.

Pour arriver à ce résultat, on fait constamment et lentement remuer le liquide par de grandes roues cylindriques, placées dans l'axe des chaudières et munies de baguettes en rotin légèrement espacées les unes des autres. C'est en renouvelant et en développant à chaque instant les surfaces d'évaporation du sirop, au moyen de ces roues plongeant dans le liquide sucré, qu'on arrive à une concentration assez rapide dans des conditions avantageuses.

La cuite peut s'élever à environ 1,500 kilog. par chaudière.

Les avantages de cet appareil consistent en une grande économie de combustible et de main-d'œuvre, puisqu'il peut être conduit par un seul homme. Il donne du sucre à grains fins, secs et nerveux; mais il a le désavantage d'être soumis à un chauffage irrégulier et de cuire le sucre au contact de l'air.

APPAREIL A CUIRE DANS LE VIDE. — *L'appareil à cuire dans le vide* est le complément naturel du *triple-effet*.

Il est constitué par une chaudière cylindrique terminée par deux calottes hémisphériques, et chauffé à l'aide de la vapeur d'échappement qui circule dans des serpentins renfermés dans la chaudière. L'appareil est muni d'une pompe aspirante destinée à enlever l'air et à faire le vide et d'une colonne d'eau qui sert à condenser les vapeurs d'évaporation.

Le sirop provenant du triple-effet ou de la batterie Gimart se charge à 25° B°. La cuite exige environ 6 à 9 heures et demande une grande attention et une grande habileté de la part du cuiseur.

L'appareil étant muni d'un regard vitré et d'une sonde, il faut souvent faire des prises d'essais et observer la forme des cristaux pour se rendre compte du degré de concentration des sirops. Suivant les besoins de la fabrication on fait des cuites à petit grain ou à gros grain, lâches ou serrées. Ces résultats sont obtenus à l'aide d'artifices qui font partie du tour de main des cuiseurs.

Quand on juge que la concentration est assez avancée, on arrête l'appareil et on le décharge au moyen d'une large valve, située à l'extrémité inférieure de la chaudière, qui laisse tomber la masse cuite sur de petits wagons qui l'apportent dans de grandes tables rectangulaires en tôle qu'on appelle *cristallisoirs*.

CONCRETOR FRYER. — Le *concretor Fryer,* qui a principalement été en usage dans les Antilles anglaises, a pour objet d'évaporer le vesou dans une première opération et de le concentrer jusqu'à la cuite complète dans la seconde.

Il se compose d'une chaudière très plate légèrement inclinée et allongée qui porte le nom de *Tray.* Elle est séparée en 8 ou 10 compartiments par des diaphragmes en tôle, qui n'interceptent pas toute la longueur de la chaudière. En sorte que le vesou entre en couche mince sur le *tray*, exécute un mouvement de lacet en passant d'un compartiment dans un autre et sort par l'autre extrémité après avoir atteint 28° à 30° de concentration. Le sirop est alors envoyé dans le *concretor* qui n'est autre chose qu'un cylindre en fonte, légèrement incliné pour faciliter le mouvement du liquide et traversé par un axe mobile muni de palettes en cuiller. Ces palettes ramassent le sirop qui occupe le fond du cylindre et l'exposent à l'air chaud. Ce rotateur fait 4 tours par minute. L'évaporation est obtenue par de l'air chaud, provenant d'une étuve chauffée par la cheminée de l'usine; il est appelé par un ventilateur et traverse le cylindre de bout en bout. La concentration s'opère ainsi à une basse température et peut être poussée très loin sans caraméliser le sucre.

Quand l'opération est terminée, on fait s'écouler par une soupape le jus concrété qui durcit promptement à l'air.

Ce procédé qui a produit, à une certaine époque, beaucoup d'engouement aux Antilles, a été à peu près abandonné. Il n'offre aucun avantage bien marqué sur ceux que nous avons décrits, et donne un sucre non turbiné qui est très inférieur à celui qu'on obtient par les moyens ordinaires, puisqu'il renferme toutes les impuretés d'une masse cuite.

Procédé Alvaro Reynoso. — M. Alvaro Reynoso a eu l'idée d'appliquer le froid produit par les *appareils Carré* à la concentration du sucre. On comprend tout de suite les avantages de cette méthode qui empêche les fermentations et les inversions produites par la chaleur.

Au moyen d'un refroidissement énergique produit par des appareils convenables, M. Reynoso transforme le jus sucré en un magma formé d'un mélange d'eau réduite à l'état de petits glaçons et d'un sirop plus ou moins dense, suivant les conditions de l'opération. Pour séparer le sucre de la glace, on a recours aux appareils à force centrifuge et on termine en évaporant rapidement le sirop dans un appareil à cuire dans le vide.

Aujourd'hui les machines à faire de la glace sont devenues très communes et très économiques. — Par la combustion de 1 kilog. de charbon, on congèle 12 kilog. d'eau, tandis qu'avec le même kilogramme on ne vaporise, en moyenne, que 6 kilog.

d'eau. L'avantage en faveur de la congélation est donc de près de moitié.

Voilà plus de 15 ans qu'il a été question pour la première fois de ce procédé. S'il n'a pas encore été appliqué en grand, c'est que sans doute il offrait, dans la pratique, des difficultés insurmontables.

6° Cristallisation. — Turbinage. — Dessication. — Emballage.

La masse cuite reste dans les cristallisoirs un temps plus ou moins long. — Aussitôt qu'elle est refroidie, ce qui a lieu habituellement au bout de quelques jours, on la casse à la pioche (car elle est devenue fort dure, surtout quand ce sont des masses cuites obtenues à l'aide des appareils à vide) et on la sépare en menus fragments qu'on délaie avec un peu de sirop de la clairce pour obtenir une pâte homogène et assez fluide pour être turbinée.

Les *turbines* sont des appareils à force centrifuge, marchant avec une vitesse de 1000 à 1200 tours par minute à l'aide d'une courroie de transmission. Elles sont constituées par une première caisse cylindrique mobile ouverte en dessus, à parois en treillis fins de fil de cuivre, traversée par l'axe de rotation ; cette caisse cylindrique tourne autour d'un cylindre fixe en fonte , muni d'une ouverture à sa partie inférieure. Quand la turbine est au repos, on la charge de la masse cuite délayée, puis on la met en mouvement. Sous l'influence de la rotation, qui projette sur les parois de la caisse cylindrique en fonte la partie fluide de la masse cuite, les cristaux sont arrêtés par le treillis métallique de la turbine et se purgent peu à peu de toutes leurs impuretés. — Quand on veut pousser aussi loin que possible le nettoyage des cristaux, on projette sur ceux-ci, pendant que la turbine tourne avec sa plus grande vitesse, soit de la vapeur sèche, soit un peu de clairce.

Au bout d'un quart d'heure l'opération est terminée, et l'on retire de la turbine le sucre en cristaux nets, secs et brillants. Avant l'invention de ce merveilleux instrument, il fallait des mois entiers pour obtenir un sucre marchand, mou et pâteux connu sous le nom de *cassonade* ou *moscouade*. — Quelle révolution les turbines ont apportée dans la fabrication du sucre! elles sont le complément intelligent des appareils à triple-effet et à vide.

En sortant des rotateurs à force centrifuge, le sucre est exposé à l'action du soleil en couches minces sur des nattes, afin d'enlever les dernières traces d'humidité et d'obtenir plus de blancheur. Dans certains établissements, on dessèche le sucre dans une étuve, dans le but d'éviter les retards occasionnés par les pluies et les intempéries de la saison.

Quand il est encore tout chaud on l'emballe soit au moyen de doubles sacs de Vaqoi, dont le poids, lorsqu'ils sont pleins, est généralement de 75 kilog., soit dans des barils et dans des boucauts, ainsi que cela se pratique aux Antilles.

7° Recuite des sirops

Les sucres obtenus avec la masse cuite primitive sont dits de 1er *jet*. Ils sont tout naturellement plus blancs et plus riches que les autres.

Mais on ne s'en tient pas là, et l'on procède, soit pendant le cours de la campagne sucrière, soit quand elle est terminée, à la recuite des sirops provenant du turbinage. Cette opération se renouvelle plusieurs fois jusqu'à épuisement de la matière cristallisable. Les sucres qui en proviennent ont des nuances de plus en plus foncées et sont désignées sous les noms de sucres de 2°, 3° et 4° *jets*, etc., lesquels se vendent, soit séparément, soit mélangés en certaines proportions avec les sucres de 1er jet.

Dans quelques usines de la Réunion, on fait ce qu'on appelle la *refonte* des sucres de sirops. Elle consiste à additionner la clairce d'une certaine proportion de sucre de basse qualité dans le but de placer dans le liquide des cristaux tout formés qui deviennent des centres de cristallisation et d'obtenir une fabrication moyenne moins belle, mais plus productive. — Cette pratique n'était avantageuse que pour ceux qui tenaient à faire des sucres d'une richesse moyenne de 91 à 92° saccharimétriques. — On conçoit, en effet, que l'introduction dans une clairce épurée, d'un produit impur et riche en glucose, ne pouvait qu'abaisser le titre du sucre produit, tout en augmentant néanmoins sa quantité.

CHAPITRE VII

—

Rendements de la canne. — Mélasse. — Rhum. — Méthodes d'analyses de la canne, du vesou, du du sucre et de la mélasse. — Usages et propriétés du sucre.

———

net à la raffinerie. — Bases d'établissement du prix des sucres. —
Procédé d'analyse de la douane pour le prélèvement de l'impôt.

ANALYSE DES MÉLASSES. — Procédé chimique, procédé saccharimétrique.

USAGES ET PROPRIÉTÉS DU SUCRE.

Rendements de la canne

RENDEMENT MOYEN DE LA CANNE EN SUCRE ET EN MÉLASSE. —
La canne contient, avons-nous dit, jusqu'à 20 et 21 % de
sucre cristallisable, quand elle est bien mûre, absolument
saine et choisie avec soin, pour l'analyse, dans la partie de la
tige la plus sucrée. Mais les cannes d'usine, mélange de cannes
de tout âge et de toute provenance, de cannes vierges et de
repousses, de cannes saines et de cannes malades ou attaquées
par le borer, sont loin de présenter une richesse aussi grande.
Elle ne dépasse guère 17 à 18 % en moyenne. Prenons le chiffre 17 comme le plus rapproché de la vérité.

Nous savons, par ce que nous avons établi, que la pression
moyenne des moulins n'est point supérieure à 65. Or si 100 parties de cannes ou 90 de vesou contiennent 17 % de sucre, 65 de
vesou n'en renfermeront plus que 12.22 ; il en sera resté 4.78
dans les 25 parties de vesou qui appartiennent à la bagasse.

Ces 65 % de vesou éprouvent encore des pertes à la suite des
diverses manipulations que subit le jus avant d'être trans-
formé en sucre cristallisé et turbiné.

Il reste, en effet, une certaine proportion de vesou et par
conséquent de sucre dans les écumes de défécation. — Il s'en
perd une quantité bien plus considérable encore dans les mélasses. Cette quantité ne peut pas être évaluée à moins de 2.72 —
En fin de compte, le rendement de 100 parties de canne d'usine
se traduit, en moyenne, par 9.5 de sucre.

Le sucre de 100 parties de canne se répartit ainsi :

Sucre cristallisé extrait 9.50
Sucre resté dans la bagasse. 4.78
Sucre resté dans la mélasse et les écumes. . . 2.72
                                                 ———
                                                 17.00

Ainsi cette graminée si riche ne laisse entre les mains du planteur que la moitié à peu près du sucre qu'elle renferme, quand la betterave donne des rendements de 10 et 11 % de sucre sur une richesse primitive de 12 % !

Le rendement moyen des cannes, à la Réunion, s'établit au moyen de la barrique de vesou de 223¹ 50. On calcule habituellement qu'une barrique de vesou donne 35 kilog. de sucre brut et qu'il faut 380 kilog. de cannes pour produire une barrique de vesou.

Rendement du sucre par hectare de cannes. — Nous avons établi, dans un chapitre précédent, que la récolte moyenne des cannes à l'hectare ne dépassait pas 35,000 kilog. D'où il suit qu'un hectare de cannes produit 3,325 kilog. de sucre qui, au prix moyen de 50 fr. les 100 kilog., représentent une valeur de 1,662 fr. Cette somme est évidemment insuffisante pour couvrir les frais de culture, d'exploitation, les salaires des travailleurs etc., et donner des bénéfices à l'habitant.

Nuances des sucres coloniaux. — Avant que la vente des sucres de canne ne se fit à l'analyse, on les classait à la nuance. Les sucres coloniaux étaient partagés en 10 nuances qui portaient, dans la langue commerciale, les noms suivants :

N° 1. Sucre claircé.
   2. Deuxième ordinaire.
   3. Belle troisième.
   4. Bonne troisième.
   5. Fine quatrième.
   6. Belle quatrième.
   7. Bonne quatrième.
   8. Quatrième bonne ordinaire.
   9. Quatrième ordinaire.
  10. Basse quatrième.

C'est le n° 7, bonne quatrième, qui servait de base à l'analyse des sucres. Aujourd'hui l'analyse chimique et saccharimètrique a remplacé la nuance qui donnait, pour le même sucre, des écarts de richesse considérables.

Composision et richesse saccharine des sucres coloniaux. — Les nombreuses analyses de sucre, exécutées pendant plusieurs années au laboratoire de la Station agronomique de la Réunion, nous ont permis de déterminer la richesse moyenne des sucres de cette colonie, par catégories d'appareils employés dans les usines.

Les sucres obtenus dans les usines munies d'appareils à *triple-effet* et à *vide* sont en cristaux plus ou moins volumineux, secs et bien détachés, de couleur grise ou jaune. Les plus riches ont donné comme titre saccharimétrique 99° et comme rendement net 98°50.

Les sucres fabriqués au moyen des *batteries Gimart* et du *rotateur Wetzel*, sont à grains fins, jaunes, de consistance plus ou moins sirupeuse. Leur odeur est très aromatique et rappelle la saveur du bon vesou. Les plus beaux titrent rarement au dessus de 97° au saccharimètre et ne donnent, comme rendement à la raffinerie, que 94° à 95°.

CATÉGORIES D'APPAREILS	HUMIDITÉ	SUCRE cristallisable	SUCRE incristallisab.	CENDRES	Indéterminé	Rendement net
Triple effet et vide	0.80	97.74	0.54	0.29	0.63	95.21
Batterie Gimart et Vide. .	0.98	96.89	0.90	0.43	0.81	93.00
Batterie Gimart et Wetzel.	1.20	96.16	0.93	0.61	0.90	91.60
Moyenne générale	0.99	97.03	0.79	0.44	0.78	93.27

Les sucres fabriqués à Maurice, pour Bombay et l'Australie, ont la composition moyenne suivante:

Sucre préparé par le procédé Icery (au monosulfite de chaux) à destination de l'Inde.

Humidité.	0.15
Sucre cristallisable.	99.72
Sucre incristallisable	0.10
Cendres	0.03
Indéterminé	0.00
	100.00

Titre net: 99.37, se vend 44 à 45 fr. les 50 kil.

Sucre de couleur jaune expédié en Australie.

Humidité.	1.06
Sucre cristallisable.	97.20
Sucre incristallisable.	0.88
Cendres.	0.27
Indéterminé	0.59
	100.00

Titre net : 94.60, se vend 32 à 36 fr. les 50 kil.

Les sucres bruts, préparés par les Annamites en Cochinchine, sont noirs, poisseux, très humides et contiennent beaucoup de matières étrangères. Pendant longtemps, ils ont été donnés aux troupes et aux équipages, comme ration ; voici la composition de quelques types que nous avons analysés pendant notre séjour à Saïgon :

Humidité.	8.10	6.60	7.00	3.40
Sucre cristallisable.	84.37	79.80	88.61	93.69
Sucre incristallisable.	3.27	10.10	1.62	1.93
Cendres.	1.71	1.80	1.37	0.28
Matières étrangères.	2.55	1.70	1.40	0.70
	100.00	100.00	100.00	100.00

Le dernier type, le plus riche en sucre cristallisable, vient de l'usine de *l'Espérance*, créée par des Européens dans les environs de Saïgon. Il a été fabriqué à l'aide d'une batterie Gimart et d'un Wetzel, et soumis au turbinage.

Les beaux types de sucre des Antilles fabriqués par les usines centrales, les sucres de Java, de la Havane, de Mayotte et de Nossi-Bé peuvent être représentés par les types suivants qui indiquent des moyennes commerciales courantes :

	Guadeloupe	Martinique	Java	Havane	Mayotte	Nossi-Bé
Humidité.	0.27	0.16	0.92	1.22	1.75	2.05
Sucre cristallisable.	98.25	99.00	96.25	96.75	94.25	91.00
Sucre incristallisable	0.26	0.17	0.84	0.89	1.41	3.82
Cendres.	0.07	0.07	0.25	0.25	0.41	1.10
Indéterminé.	1.25	0.60	1.70	0.89	2.18	2.03
	100.00	100.00	100.00	100.00	100.00	100.00
Titre net.	97.38	98.31	93.12	93.72	89.78	77.86

Crise traversée par l'agriculture et l'industrie sucrière aux colonies

Nous avons vu, par le taux du rendement des cannes, soit aux champs, soit à l'usine, combien l'agriculture et l'industrie sucrière coloniales étaient dans une situation peu prospère. Où est le temps où l'hectare de cannes produisait 6 et 8,000 kilog. de sucre, qui se vendait 60 et 70 fr. les 100 kilog ? Les conditions de la culture de la canne sont bien changées aujourd'hui dans presque toutes les colonies sucrières.

Le sol, après des récoltes immodérées, sans assolement et sans engrais, s'est complètement épuisé dans certaines zônes et ne donne plus que des récoltes précaires dans les terrains privilégiés. — Le déboisement, opéré sans mesure le long des cours d'eau et sur les plus hauts sommets des Iles, a changé totalement les conditions météorologiques des climats. Les pluies saisonnières sont devenues moins abondantes, l'état hygrométrique de l'air plus sec qu'auparavant, et les pluies d'hivernage n'étant plus arrêtées par des massifs boisés, ont lavé la superficie des terres et entraîné à la mer les parties les plus riches du sol. Des maladies, autrefois inconnues, se sont jetées sur la canne à sucre et ont anéanti les unes après les autres des espèces qui semblaient devoir prospérer pendant longtemps encore. — Le borer, cette larve maudite, est venue à son tour apporter ses ravages et diminuer les récoltes dans des proportions incalculables. — Que dire encore de la situation financière de ces malheureuses colonies, endettées à la suite de tous ces désastres, et vivant péniblement au jour le jour d'emprunts faits sur récolte aux établissements de crédit! L'abaissement du prix des sucres, provoqué par la production toujours croissante du sucre de betterave en Europe, a contribué encore à assombrir la situation déjà si mauvaise. En ce moment, en effet, le prix de revient de 100 kilog. de sucre, que l'on calcule à 46 fr., est égal et quelquefois supérieur aux prix auxquels se vend cette denrée. — La difficulté de se procurer des travailleurs est aussi une des questions qui préoccupent le plus les habitants des colonies. — Tôt ou tard l'Angleterre, qui suscite depuis quelques années tant de difficultés à nos colonies sucrières, défendra, comme elle l'a déjà fait pour la Guyane et comme elle en a déjà menacé la Réunion, tout recrutement de travailleurs dans ses possessions de l'Inde. Alors la main-d'œuvre sera de plus en plus difficile et onéreuse à se procurer.

Moyens a proposer pour améliorer la situation. — Pour remédier à un tel état de choses, au moins dans une certaine mesure, il faudrait avoir le pouvoir et le courage de faire un ensemble de réformes qui porteraient tout à la fois sur les systèmes suivis jusqu'à ce jour dans l'agriculture et l'industrie sucrière.

Expansion de l'instruction agricole. — En premier lieu, ce qu'il y aurait de plus urgent à faire, ce serait d'organiser, dans les lycées, les collèges et les écoles communales un bon système d'enseignement agricole qui ferait pénétrer dans l'esprit des jeunes créoles, d'utiles notions d'agronomie.

Abandon des terres impropres a la culture de la canne. — En ce qui concerne les terres livrées à la culture de la canne, il y aurait à faire un choix judicieux entre celles qui sont tout à fait aptes à cette culture et celles qui lui sont absolument impropres. Et le nombre en est grand de ces dernières! Elles pourraient être avantageusement plantées en café, girofle, vanille, tabac, manhioc, etc., ou tout simplement livrées au reboisement, si elles ne pouvaient servir à d'autre usage.

Les véritables terres à canne seraient alors cultivées avec tous les soins qu'elles exigent. On les soumettrait à des assolements rationnels et à des fumures assez abondantes pour conserver leur fécondité ou ramener celle qu'elles ont perdue à la suite de ce que Liebig appelait « *une culture de rapine* » qui consiste à tout prendre sans rien restituer.

Substitution des instruments attelés au travail a bras. — La substitution des instruments attelés au travail à bras d'hommes partout où le terrain le permet serait également un grand progrès; elle diminuerait la main-d'œuvre, si rare et si onéreuse en ce moment, et permettrait aux sols de se reconstituer avec plus de facilité.

Remplacement des boutures de tête par des boutures de corps. — On devrait également remplacer les boutures prises dans la tête des cannes par celles prises sur le corps entier de cannes bien mûres et bien saines ou du moins ne pas toujours reproduire systématiquement la canne par les œilletons du bourgeon terminal, mais bien par ceux sur la tige entière. — Et pour plus de précaution, il faudrait conserver le champ de cannes vierges le mieux venu et le plus vigoureux pour le faire servir aux plantations. — Les végétaux ne diffèrent point des animaux ; de même qu'on ne peut conserver la vigueur et les qualités d'un troupeau qu'en exerçant une sélection intelligente chez les reproducteurs, de même on ne peut avoir la prétention de conserver de belles espèces de plantes, quand on les reproduit, à tort et à travers, par tous les éléments qui vous tombent sous la main, vieux ou jeunes, sains ou malades, robustes ou épuisés.

Pépinières. — Des pépinières renfermant des cannes des localités voisines, ou provenant d'autres colonies, devront toujours être prêtes à offrir des sujets susceptibles de remplacer les espèces qui deviendraient malades.

Assolement. — Une précaution utile, selon nous, consisterait également à ne jamais demander au sol plus d'une récolte de cannes vierges et d'une ou deux récoltes de rejetons ou repousses et à laisser la terre en repos ou sous cultures améliorantes pendant 3 à 4 ans au moins.

Séparation entre le travail agricole et le travail industriel. — La séparation complète entre le travail agricole et le travail industriel serait absolument désirable afin que l'habitant se consacrât entièrement à l'agriculture et ne fût pas détourné de ses obligations par la direction et les mille soins que comporte le fonctionnement d'une usine. Il faudrait, en un mot, arriver à la création des *Usines centrales* par association de capitaux créoles.

Usines centrales. — Munies d'un outillage aussi perfectionné que possible et dirigées par des hommes compétents, elles sauraient travailler le jus de la canne par les procédés les plus économiques et retireraient de celle-ci et de ses bas produits le rendement le plus élevé. Les planteurs, soutenus par les usiniers, dont ils formeraient la clientèle, trouveraient chez ceux-ci des avances de capitaux et d'engrais et vendraient leurs cannes au poids au lieu de vendre leur vesou, ainsi que cela se fait encore à la Réunion.

DIVISION DE LA GRANDE PROPRIÉTÉ. — Comme complément de ces réformes, il serait à souhaiter que les terres fussent plus divisées afin d'augmenter le nombre des petits planteurs et reconstituer la moyenne propriété.

ENDIGUEMENT DES TORRENTS. — La réunion de toutes les forces et des capitaux coloniaux aurait avantage également à se porter vers les travaux d'ensemble et d'intérêt général qui auraient pour but de capter les eaux des torrents ou des rivières et de les faire servir à l'irrigation des terres basses situées dans des localités trop sèches. La plupart de nos colonies sucrières étant très montagneuses, ces travaux auraient la plus grande utilité et rendraient à la culture de la canne des terres frappées aujourd'hui de stérilité.

MODIFICATIONS DE LA LÉGISLATION SUR LES SUCRES. — Enfin, des modifications heureuses dans la législation sur les sucres, et qui auraient pour but d'améliorer le prix de nos sucres coloniaux, de façon à leur permettre d'arriver à des conditions favorables sur les marchés européens ne pourraient qu'exercer une influence heureuse sur le relèvement de l'agriculture coloniale. Si l'on pouvait même aller jusqu'à donner aux sucres de canne une détaxe de distance, qui serait juste jusqu'à un certain point, puisque ces sucres ont à supporter, pour arriver en Europe, un fret qui ne frappe point les sucres de betterave, on soulagerait considérablement la situation de l'industrie sucrière qui fait vivre une population si nombreuse et si intéressante.

Mélasse

Le liquide épais et noirâtre que la turbine sépare du sucre cristallisé, et qui est d'autant plus coloré et plus pauvre que les sirops ont été recuits plus souvent, porte le nom de *Mélasse*.

Composition. — C'est un composé complexe, doué d'une odeur fermentescible très prononcée, ayant une saveur sucrée plus ou moins agréable et une densité comprise entre 35° et 40° B°. La mélasse renferme de l'eau, du sucre cristallisable, du sucre incristallisable, des matières organiques et des matières colorantes provenant de l'action des acides glucique et apo-glucique sur la chaux.

Payen assigne aux mélasses des colonies la composition suivante :

Eau et matières étrangères	33
Sucre cristallisable	45
Sucre incristallisable	22
	100

Monsieur E. Monnier leur a trouvé une composition un peu différente.

Eau et matières étrangères	33.84
Sucre cristallisable	35.57
Sucre incristallisable	27.58
Cendres	3.01
	100.00

Plusieurs analyses faites sur les mélasses de la Réunion, nous ont donné les chiffres suivants :

Eau et matières étrangères	36.28
Sucre cristallisable	49.73
Sucre incristallisable	6.40
Cendres	7.59
	100.00

Autrefois on comptait 15 litres de mélasse par 100 kilog. de sucre fabriqué, soit 20 0/0 (le litre de mélasse à 37°5 B°, pesant 1 kilog. 352). Aujourd'hui, grâce aux perfectionnements de l'industrie sucrière, cette quantité est descendue à 10 litres et ne représente plus que 13 à 14 0/0.

Tableau de la richesse en sucre des mélasses, par degré Baumé. — Voici un tableau qui indique, pour chaque degré B°, compris entre 34° et 38°, le poids du litre et les quantités de sucre cristallisable et incristallisable contenus dans 1 litre de mélasse :

Degrés	Poids du litre	Sucre cristallisable	Sucre incristallisable	Sucre total
38	1ᵏ359	475 gr.	366 gr.	841 gr.
37,5	1.352	473	365	838
37	1.346	471	363	834
36	1.334	466	360	826
35	1.321	462	356	818
34	1.308	457	353	811

La mélasse est presqu'entièrement convertie en rhum aux colonies. Les Antilles exportent en France une certaine quantité de mélasse qui est livrée à la consommation directe. Nous ne connaissons aucune usine coloniale française qui extraie industriellement le sucre cristallisable des mélasses par un des nombreux procédés employés en Europe au traitement des mélasses de betteraves.

EXTRACTION DU SUCRE CRISTALLISABLE DES MÉLASSES. — On trouverait certainement avantage à travailler les mélasses des sucres de cannes comme les mélasses des sucres de betteraves à l'aide, soit de l'*osmogène Dubrunfaut*, soit du *procédé Margueritte*, soit de la méthode *de Steffens*, soit du procédé *Manoury*.

OSMOGÈNE DUBRUNFAUT. — L'osmogène Dubrunfaut est une sorte de vase rectangulaire de 1ᵐ,35 de haut, sur 1ᵐ,32 de long et 1ᵐ,12 de large renfermant une cinquantaine de cadres auxquels sont fixées des feuilles de parchemin végétal. Ces feuilles séparent de petites cases contenant alternativement de l'eau et de la mélasse que l'on maintient à la température de 80°. Les deux liquides se trouvant à une densité différente, il s'établit un double courant, en vertu du principe de la dialyse, qui porte l'eau vers le sucre et le sucre cristallisable vers l'eau à travers la membrane. Les principes de la mélasse non *cristallisables* ne peuvent pas passer à travers le parchemin. L'eau, au bout d'un certain temps, se trouve assez chargée du sucre cristallisable pour pouvoir être évaporée. On recueille, de cette façon, 12 à 15 0/0 de sucre cristallisable de la mélasse.

PROCÉDÉ MARGUERITE. — Le procédé Margueritte est basé sur la propriété que possède l'alcool de dissoudre, dans des conditions spéciales, plus de sucre qu'il ne le fait normalement. Voici comment on opère. On mélange 1 kilog. de mélasse avec 1 litre d'alcool à 85°, acidulé de 5 0/0 d'acide sulfurique monohydraté. On obtient ainsi une liqueur qui, filtrée et additionnée d'un litre d'alcool à 95°, fournit au contact de 500 grammes de sucre en poudre, un excédant de 350 grammes de sucre pur, soit 35 0/0 du poids de la mélasse ou 70 0/0 du sucre qu'elle renferme. Le produit claircé avec son volume d'alcool à 95°, puis séché, a pour composition :

> Sucre cristallisable. 98.50 0/0

Ce procédé est donc fort simple et permettrait l'emploi de l'alcool de mélasse que l'on fabriquerait surtout en vue de l'extraction du sucre de la mélasse.

MÉTHODE DE STEFFENS. — La méthode de Steffens consiste à préparer, à l'aide des mélasses et de la chaux, un saccharate de chaux, que l'on obtient de la manière suivante : On délaie les mélasses de façon à ce que la dissolution ne renferme pas plus de 6 0/0 de sucre. On ajoute alors un lait de chaux jusqu'à ce que la liqueur se trouble, puis on chauffe jusqu'à l'ébullition. On laisse reposer. Le dépôt constitué par 4 0/0 de saccharate est soumis à la compression et nettoyé à l'aide de la vapeur. Puis on le délaie, on le sature pour enlever la chaux, on filtre sur de la cendre de cuivre et le liquide clair est évaporé jusqu'à cristallisation.

La quantité de sucre qu'on peut extraire de la mélasse par ce procédé atteint 94 0/0.

PROCÉDÉ MANOURY. — Le procédé Manoury, le plus répandu aujourd'hui, consiste à traiter les mélasses par un lait de chaux. Il se forme du saccharate de chaux et des glucates de chaux. On lave le produit à l'alcool qui dissout le glucate. Le saccharate, débarrassé du sucre incristallisable, est traité par l'eau et soumis à un courant d'acide carbonique qui précipite la chaux et met le sucre cristallisable en liberté. On n'a plus qu'à filtrer et concentrer les liqueurs pour avoir le sucre cristallisable.

Fabrication du rhum

Transformation de la mélasse en alcool et en rhum. — On calcule que 100 parties de mélasse peuvent donner, par la fermentation, 57 parties d'alcool à 93°. Dans l'industrie, une barrique de mélasse de 250 litres rend ordinairement 125 litres de rhum entre 50° et 54° centésimaux, soit 1 litre de rhum pour 2 litres de mélasse. Et comme la barrique de mélasse se vend environ 15 à 20 francs, le litre de rhum ne reviendrait donc en fabrique qu'à 0 fr. 15.

L'industrie qui s'occupe de la fabrication du rhum aux colonies porte le nom de *distillerie*.

Procédé pour obtenir le rhum aux colonies. — Pour obtenir le rhum on étend d'eau la mélasse de manière à la ramener à la densité de 16° B. On laisse fermenter pendant 3 à 6 jours, puis on distille dans des alambics ordinaires. On donne la couleur au rhum au moyen du caramel.

Résidu de distillerie. — 100 kilog. de mélasse laissent, à la suite de la distillation, 12 kilog. de résidu riche en alcalis renfermant du sulfate de potasse, du chlorure de potassium, du carbonate de potasse et du carbonate de soude.

Tafia. — Le tafia diffère du rhum en ce qu'il est obtenu par la distillation du vesou de canne soumis à la fermentation. On n'en produit guère qu'à Cayenne, à la Mana, où il jouit d'une réputation justement méritée.

Analyse de la canne à sucre

Analyse de la canne à sucre. 1er *procédé*. — La méthode généralement suivie, pour faire l'analyse de la canne à sucre, consiste à découper la canne en rondelles fines qu'on place dans une capsule tarée. On dessèche à 110° pour déterminer *l'humidité*. On pulvérise ensuite très finement les rondelles desséchées et on les traite à 3 reprises différentes par de l'alcool bouillant à 83°.

On dessèche le résidu à 110° qui représente le *ligneux*. L'alcool de lavage est placé sous une cloche avec de la chaux vive, dans une capsule tarée. Cristallisation au bout de quelques jours. Après dessication complète, on pèse le produit obtenu qui représente le sucre *cristallisable*, le sucre *incristallisable*, les *matières grasses, résineuses* et *colorantes*. On lave le sucre à l'éther sulfurique anhydre pour en extraire les matières grasses et résineuses. Pour doser les *cendres*, on incinère 5 grammes de rondelles sèches.

2° procédé. — Nous avons suivi, à la Station agronomique de la Réunion, une autre méthode qui pourra sembler plus longue et plus compliquée au premier abord, mais qui donne des résultats plus exacts.

Des morceaux de canne pris sur le milieu, le haut et le bas de plusieurs tiges de canne sont défibrés au moyen d'une forte râpe, de façon à obtenir 4 à 500 grammes de pulpe.

1° 100 grammes sont mis à l'étuve et desséchés à 100°; la perte de poids représente l'*humidité*.

2° Le résidu sec est lavé à l'éther sulfurique dans un appareil à déplacement; on reçoit l'éther chargé de *matière grasse* et *résineuse* dans une capsule tarée. Après évaporation et dessication, on pèse et on note le poids de ces deux produits.

3° La pulpe lavée à l'éther et desséchée est pesée à nouveau, puis lessivée à l'eau chaude sur un filtre taré, placé dans un entonnoir, jusqu'à épuisement complet du sucre. Ce second résidu, desséché à l'étuve et pesé représente le *ligneux*. La différence entre le poids du *ligneux* et le poids du résidu après le premier lavage à l'éther, représente en bloc le poids du *sucre total*, des *matières organiques* et *colorantes* et des *sels*.

Pour obtenir séparément ces 3 éléments, on pourrait à la rigueur les doser dans le liquide sucré provenant du lavage de la pulpe de canne par l'eau bouillante, mais on n'arriverait ainsi à aucun résultat exact à cause des difficultés de manipulation et des pertes qui seraient dues à l'évaporation du liquide sucré, faite soit à froid, soit à l'aide de la chaleur.

On emploie un moyen détourné, qui conduit au même but.

4° 5 grammes de pulpe préalablement desséchés à l'étuve sont calcinés dans un creuset de platine. Le résultat × 20 représente les *cendres* ou *sels minéraux* de la canne pour 100 parties en poids.

5° Pour séparer les autres éléments qui restent encore à doser, on soumet à la presse une quantité suffisante de pulpe pour obtenir 200 grammes de vesou. On en prend 100 grammes pour titrer le sucre *cristallisable* et le sucre *incristallisable* par le procédé que nous allons indiquer tout à l'heure en parlant de l'analyse du vesou. Comme on connaît déjà le poids du *ligneux* et par suite la proportion de vesou contenue dans la canne, il est facile de rapporter le poids des sucres, obtenus par l'analyse, au poids du vesou existant réellement dans la canne analysée.

6° Il ne reste plus à rechercher que le poids des *matières organiques* et *colorantes*. On prend les 100 autres grammes de vesou, mis à part, et on les soumet à l'ébullition pour coaguler l'albumine, puis on traite le liquide trouble par 10cc de sous-acétate de plomb pour précipiter les matières colorantes et l'albumine non coagulable par la chaleur. Le magma est reçu sur un filtre donnant une quantité de cendres connue. Après plusieurs lavages à l'eau chaude, le filtre est desséché à l'étuve et pesé. On note ce premier poids. On calcine ensuite et on pèse le résidu. La différence entre le premier poids et le second (déduction faite du poids des cendres du filtre), représente le poids de la *matière colorante et organique* contenue dans 100 grammes de vesou. A l'aide du calcul on le ramène au poids du vesou contenu dans les cannes à analyser.

Toutes ces opérations se font simultanément et n'offrent aucune difficulté pratique.

Analyse du vesou

L'analyse de la canne entière est une opération qui ne sort guère du domaine du laboratoire et qui exige la science et l'habileté d'un chimiste de profession pour être menée à bonne fin. Il n'en est pas de même de *l'analyse des vesous*, que chaque habitant devrait être capable de faire lui-même à l'usine, de façon à pouvoir suivre sa fabrication et à s'en rendre compte. Dans ce but, nous avons cherché à simplifier le procédé pour le rendre aussi facile et aussi commode que possible.

Matériel nécessaire a une analyse de vesou. — Parlons d'abord des *vases* et *ustensiles* nécessaires à une analyse de ce genre, lesquels peuvent être enfermés dans une boîte à compartiment, pouvant se transporter aisément.

Ce nécessaire devra contenir :

— 1 lampe à alcool, avec support circulaire,
— 3 petits ballons de 60 à 90 grammes,
— 4 à 5 tubes à essais fermés d'un bout,
— 2 pipettes divisées en 5 et 10cc,
— 1 burette anglaise de 25cc, dont chaque degré est divisé en 10e,
— 2 petits entonnoirs, avec support en fer,
— plusieurs paquets de petits filtres en papier Berzélius,
— une pince en bois, 2 valets en paille,
— 3 matras jaugés à 100 et 110cc,
— 1 éprouvette et 1 aréomètre Baumé, gradué de 6° à 13° divisé en 10e de degrés,
— 2 flacons de papier de Tournesol bleu et rouge,
— 2 baguettes de verre plein ou agitateurs,
— 1 flacon de sous-acétate de plomb,
— 1 flacon d'alcool à 85°,
— 1 flacon d'eau distillée,
— 1 flacon d'acide chlorhydrique,
— 1 Saccharimètre de Soleil,
— 1 flacon de liqueur cupro-potassique de Violette.

Préparation de la liqueur de Violette. — Cette liqueur se prépare de la manière suivante :

On fait une première solution avec :

Sulfate de cuivre pur   36 gr, 46.
Eau distillée 140cc

D'autre part, on fait une seconde solution avec :

Tartrate neutre de potasse et de soude   200 gr.
Lessive caustique de soude à22° Baumé. 140cc

On verse cette solution dans une carafe jaugée de 1 litre, on ajoute ensuite la première solution par petites portions et on complète le volume de 1 litre par une dernière addition d'eau distillée avec laquelle on a rincé les deux vases ayant renfermé les deux solutions. On agite pour avoir un mélange homogène ;

au bout de quelques jours on filtre et on conserve dans des flacons bleus.

On titre cette liqueur au moyen d'une autre liqueur contenant 1 gramme de glucôse pour 100. On l'obtient en traitant 0 gr. 95 de sucre de canne pur et sec par 50cc d'eau distillée, additionnée de 4 à 5 gouttes d'acide chlorhydrique. Après une courte ébullition on verse dans un flacon jaugé de 100cc, on laisse refroidir et on complète avec de l'eau distillée jusqu'au trait circulaire. Chaque centimètre cube correspond à 0 gr. 01 de glucôse et 0,095 de sucre cristallisable.

Cela fait, on verse ce liquide sucré dans une burette graduée; d'autre part 10cc de la liqueur bleue de Violette sont portés à l'ébullition dans un petit ballon. Le liquide sucré est versé dans le ballon jusqu'à décoloration complète. Supposons qu'on ait versé 5cc de liqueur sucrée; le titre de la liqueur de violette sera le suivant : 10cc = 0,05 de glucôse.

Procédé analytique. — Une fois tout préparé, on procède à l'analyse du vesou de la manière suivante :

On recueille le vesou au sortir du moulin après l'avoir passé à travers un linge fin, et on le verse dans l'éprouvette. On en prend la *densité*, à l'aide d'un bon aréomètre.

La *réaction* du vesou est également reconnue à l'aide du papier bleu de tournesol qui rougit plus ou moins suivant l'acidité du liquide.

On le verse ensuite dans un des matras jaugés, jusqu'au trait circulaire qui mesure un volume de 100cc et on y ajoute 10cc de sous-acétate de plomb jusqu'au second trait de jauge marqué sur le goulot du matras et qui mesure 110cc. On agite violemment, en bouchant l'ouverture du flacon avec le pouce et on laisse déposer. — Cette opération est une véritable *défécation*, qui a pour but de précipiter dans le vesou toutes les matières étrangères au sucre. Le vesou, une fois traité par le sous-acétate de plomb, peut se conserver pendant longtemps sans altération. Aussi, lorsque l'analyse ne peut se faire à l'usine, peut-on sans inconvénient mettre 500cc de vesou dans une bouteille, l'additionner de 50cc de sous-acétate de plomb et l'expédier ensuite au laboratoire le plus voisin pour en faire faire le titrage.

Quand le dépôt s'est bien rassemblé, on jette le liquide clair sur un filtre et on le recueille dans un flacon très propre. Ce liquide filtré contient le glucose et le sucre cristallisable que l'on veut doser.

Pour titrer le *glucose* ou *sucre incristallisable* on remplit la burette graduée du liquide filtré jusqu'au point zéro, et on verse dans un des petits ballons, avec une pipette, 10cc de liqueur de Violette qu'on additionne de 10cc d'eau distillée. On porte ensuite le ballon, qu'on tient avec la pince en bois, au-dessus de la flamme de la lampe à alcool. Quand le liquide est arrivé à l'ébullition, on y verse, goutte à goutte et avec précaution, le liquide sucré de la burette jusqu'à décoloration complète de la liqueur bleue de Violette et formation d'un abondant précipité rouge bien rassemblé au fond du ballon. Cette opération se fait à plusieurs reprises; et, chaque fois qu'on a fait une nouvelle affusion de liquide sucré, on porte la liqueur bleue à l'ébullition. On examine le liquide du ballon, par réflexion, sur une feuille de papier blanc, pour constater sa décoloration complète, ce qu'on saisit facilement avec un peu d'habitude.

On lit alors le nombre de centimètres cubes de la burette employés, puis on fait le calcul suivant pour arriver à connaître la quantité du glucose contenu dans le vesou examiné. Ex : trouvé 14cc 80, pour 10cc de liqueur bleue de Violette. Comme ces 10cc de liqueur bleue correspondent à 0 gr. 05 de glucose, les 14cc 80 de liqueur sucrée employés dans l'opération précédente contiendront donc aussi 0 gr. 05 de glucose. Pour savoir combien 100cc de vesou en renferment, on établit la proportion suivante :

$$14,80 : 0,05 :: 100 : x$$
$$\text{d'où } x = 0,33 \text{ de glucose.}$$

CORRECTIONS A FAIRE POUR AVOIR LE TITRE EXACT. — Mais comme nous avions ajouté 10cc de sous-acétate de plomb à nos 100cc de vesou, celui-ci a été dilué d'autant, en sorte que le résultat trouvé est trop faible de un dixième ou de 0,03, ce qui porte la proportion de glucose à 0,36 0/0.

Il y a une autre correction à faire subir encore à ce dernier chiffre, pour transformer les volumes en poids, car ce n'est pas sur 100 grammes de vesou que nous avons agi, mais sur 100cc. Pour cela, il suffit de se reporter à la densité du vesou, que nous supposerons être de 11° et de voir, dans le tableau suivant, quel est, pour cette densité, le poids de 100cc de vesou, soit 108 gr. 30. En établissant la proportion suivante, nous obtiendrons finalement le chiffre cherché.

$$108.30 : 0.36 :: 100 : x$$
$$x = 0.33 \text{ de glucôse}$$

TABLEAU INDIQUANT LE POIDS DU VESOU QUAND ON CONNAIT SON VOLUME ET SA DENSITÉ.

Degrés Baumé	Poids de 100cc de Vesou
2°	101gr.20
3°	102 00
4°	102 80
5°	103 60
6°	104 40
7°	105 20
8°	106 00
9°	106 70
10°	107 50
10°5	107 90
11°	108 30
12°	109 10

DOSAGE DU SUCRE CRISTALLISABLE. — L'opération précédente fait connaître la proportion de sucre incristallisable ou glucôse contenue dans 100 parties de vesou; mais ce n'est pas tout. Il importe également de connaître la quantité de sucre *cristallisable* qu'il renferme.

On peut y arriver par 3 moyens.

1° Un moyen empirique, la *densité*.

2° Par *le titrage à l'aide des liqueurs titrées.*

2° *Par le saccharimètre.*

1° PAR LA DENSITÉ. — La densité suffit, dans la plupart des cas, pour donner un chiffre approximatif dont l'usinier peut se contenter surtout quand le vesou est à une densité élevée et provient de cannes mûres et saines. En consultant le tableau de la page 30 on voit que du vesou à une densité de 11° B° ren-

ferme 200 gr. de sucre total par kilog. de vesou ou 20 gr. 0/0.
En soustrayant de ce chiffre 20, le poids du sucre incristallisable déjà trouvé soit 0,33 on aura : 20 — 0,33 = 19 gr. 67
pour le poids du sucre cristallisable contenu dans nos 100 gr.
de vesou à 11°.

2° DOSAGE DU SUCRE CRISTALLISABLE PAR LA LIQUEUR DE VIO-
LETTE. — Ce dosage s'opère de la manière suivante : On prend
10^{cc} du vesou déféqué et filtré, ayant déjà été préparé pour
le dosage du sucre incristallisable, on les met dans un petit
ballon avec 50^{cc} d'eau et quelques gouttes d'acide chlorhydrique ; on opère comme il a été dit à propos du titrage de la
liqueur de Violette, page 102. Supposons qu'il ait fallu 2^{cc} 9
de liqueur sucrée pour décolorer 10^{cc} de liqueur de Violette,
la quantité de sucre correspondant a 100^{cc} de liqueur sucrée
sera donnée par la proportion suivante :

$$2^{cc}9 : 0.05 :: 100 : x \quad x = 1.72$$

Comme nous n'avons opéré que sur 10^{cc} de vesou, le résultat doit être multiplié par 10 ce qui fait 17.20. Ici, plusieurs
corrections sont nécessaires pour obtenir un résultat exact.
D'abord, il faut augmenter 17.20 d'un dixième à cause de la
dilution ce qui donne 18.92. Ce chiffre représente le sucre
total ; connaissant déjà le sucre incristallisable qui est de
0.33, il reste 18.59 pour le sucre cristallisable. — Ce dernier
chiffre serait trop faible, si nous le conservions tel quel, parce
qu'il a été obtenu à l'aide d'une liqueur titrée qui représente du
glucôse et non point du sucre de canne, il faut donc le multiplier
par le coëfficient 1,052, ce qui représente 19.55. Enfin il ne
reste plus qu'à convertir les volumes en poids comme nous
l'avons fait page 103 et nous aurons comme résultat définitif :

Sucre cristallisable 18.05
Sucre incristallisable. 0.33
                                                        ————
            Sucre total 18.38

3° DOSAGE DU SUCRE CRISTALLISABLE PAR LE SACCHARIMÈTRE. —
L'emploi du saccharimètre nous fournira encore un moyen
prompt et facile de faire le dosage du sucre cristallisable de

vesous. Nous conseillons, pour les colonies, l'emploi du *saccha-rimètre de Soleil* de préférence au *saccharimètre à pénombre*, bien que ce dernier soit plus précis que le premier, parce que le saccharimètre de Soleil est plus portatif; il n'exige ni l'emploi du gaz avec la lumière monochromatique, ni la chambre noire, et il se manœuvre très bien avec une lampe ordinaire ou la lumière solaire. Aux colonies, le gaz n'existe pas encore. On doit donc rechercher les appareils qui peuvent fonctionner sans l'emploi de cette lumière artificielle que rien ne peut remplacer commodément.

DESCRIPTION DU SACCHARIMÈTRE. — Le saccharimètre de Soleil est un instrument savant et compliqué au point de vue théorique. Au point de vue du maniement pratique, il est extrèmement simple.

C'est un tube formé de 3 parties : 2 fixes aux extrémités ; l'autre mobile occupant la partie centrale et se composant tantôt d'un tube long de 20 centimètres muni de 2 opercules en verre à ses deux bouts, tantôt d'un tube de 22 centimètres accompagné d'un thermomètre.

L'une des extrémités fixes, celle par laquelle on regarde, comprend d'avant en arrière : *un prisme de Nicol, un oculaire et une lentille de Galilée, un cristal de roche reproducteur de la teinte sensible, un prisme analyseur, 2 plaques prismatiques de quartz glissant l'une sur l'autre, une plaque rectangulaire de cristal de roche.*

L'autre extrémité fixe ou objective se compose : *d'un prisme polarisateur, d'une plaque de cristal de roche* taillée perpendiculairement à l'axe et *d'une plaque à 2 rotations.*

L'opérateur ne doit faire attention qu'à 4 organes mobiles sur lesquels il doit agir :

1° Le petit tube mobile contre lequel il applique son œil, qu'il enfonce ou retire vers lui.

2° Un grand bouton horizontal destiné à faire marcher les deux plaques de quartz glissant l'une sur l'autre.

3° Un anneau mobile situé près de l'oculaire destiné à donner la teinte la plus sensible.

4° La règle divisée sur laquelle on lit le nombre des divisions indiquant la richesse du sucre à examiner.

Réglage de l'instrument. — On dirige l'instrument vers une lampe bien allumée ou vers le bleu du ciel, à l'abri des rayons directs du soleil. On fait coïncider la ligne noire de l'index avec le zéro de l'échelle. On remplit d'eau pure le tube de 20 centimètres et on l'insère au milieu de l'appareil. Quand l'instrument est bien gradué on doit, à zéro, avoir une teinte uniforme qu'on peut faire varier d'intensité en tournant l'oculaire ; la teinte la plus convenable et la plus sensible est ordinairement le *gris de lin* ou la *fleur de pêcher*.

Pour vérifier le point 100 du vernier, on fait une solution avec 15 gram. 350 de sucre candi pur et sec dans l'eau distillée de façon à occuper le volume de 100cc. Cette solution placée dans le même tube de 20 centimètres et soumise à l'observation doit à 100° présenter la même teinte uniforme qu'à 0. Il existe, du côté du vernier, une vis de rappel dont on se sert pour régler l'instrument quand il n'est pas juste.

Cela fait, on procède à l'analyse des vesous de la manière suivante.

Le vesou préparé comme il a été dit, page 102, est introduit dans le tube de 20 centimètres de longueur et examiné au saccharimètre jusqu'à ce qu'on soit arrivé à la teinte sensible uniforme du point de départ à zéro. Supposons qu'on ait trouvé 115 divisions à droite. D'après les tables de Clerget, ce chiffre correspond à 188.25 de sucre par litre ou à 18.82 pour 100 de vesou en volume, ou en ajoutant 1 dixième pour la dilution 20.68.

Quand on n'a pas les tables de Clerget à sa disposition, on peut y suppléer en multipliant le chiffre trouvé par 0,1635. Exemple : 115 × 0,1635 = 18.80 0/0

Le chiffre trouvé subit, comme nous l'avons déjà dit, la correction relative à la transformation des volumes en poids et le résultat final représente le sucre cristallisable cherché.

Quand les vesous sont riches en sucre interverti lequel dévie à gauche le plan de la lumière polarisée, on fait une seconde opération connue sous le nom d'*inversion*, que nous ne décrirons point ici parce qu'elle est le plus souvent inutile quand on agit sur des vesous compris en 10° et 12° Baumé et ne contenant pas plus de 0,30 à 0,50 0/0 de glucose. Les résultats fournis par le saccharimètre, dans la première opération, sont suffisamment exacts pour suivre le travail d'une usine et c'est là le point de vue auquel nous nous plaçons.

Analyse des sucres bruts

L'analyse des *sucres bruts* a pour but de faire connaître leur composition et d'indiquer la proportion de *sucre pur* que ce produit donnerait à la raffinerie. C'est principalement en vue de l'impôt, qui frappe aujourd'hui les sucres bruts, et de l'achat et de la vente des sucres pour les besoins de la raffinerie que ce genre d'analyses est universellement répandu.

Pour faire l'analyse commerciale d'un sucre, on dose 4 éléments :

1° *L'humidité*, en plaçant 10 gram. de sucre dans une étuve chauffée à 110°, jusqu'à dessication complète.

2° *Le sucre cristallisable*, en faisant dissoudre 16 gr. 35 de sucre dans de l'eau distillée, ajoutant 1 à 2^{cc} de sous-acétate de plomb pour clarifier la liqueur, portant le volume de liqueur à 100^{cc} et examinant le liquide filtré au saccharimètre de Soleil pour en déterminer le degré. Si l'on se sert du saccharimètre de Laurent à pénombre le poids du sucre doit être de 16 gr. 19.

On ne fait jamais l'inversion pour les sucres de canne; M. Girard, professeur au Conservatoire des arts et métiers a démontré, en effet, que le glucose des sucres de cannes n'avait aucune influence sur la lumière polarisée.

3° Le *sucre incristallisable,* dont on dissout 10 gr. dans 100^{cc} d'eau distillée après l'avoir défequé par 1 à 2^{cc} de sous-acétate de plomb, et que l'on titre au moyen de la liqueur cupro-potassique de Violette.

4° Les *sels minéraux* ou *cendres de sucre* en traitant 5 gr. de sucre par 20 gouttes d'acide sulfurique et calcinant le charbon sulfurique obtenu dans un fourneau à moufle. Les cendres après avoir été pesées sont augmentées d'un dixième pour tenir compte de la transformation des chlorures en sulfates, puis multipliées par 20, pour rapporter le résultat à 100.

On additionne tous les résultats obtenus et on inscrit la différence entre ce total et 100, sous la rubrique : *indéterminé,* représentant les matières colorantes et les impuretés du sucre.

Prenons l'exemple suivant :

Humidité 1.00
Sucre cristallisable 96.00
Sucre incristallisable 1.50
Cendres 0.45
Indéterminé 1.05
                                              ————————
                                               100.00

Cette analyse indique donc, pour cent parties, la proportion des éléments divers qui constituent l'échantillon de sucre examiné. Pour déterminer sa valeur commerciale, il est nécessaire de calculer ce qu'on appelle *son rendement net à la raffinerie*. C'est ce dernier chiffre qui doit servir à la vente et à l'achat des sucres, ainsi qu'à l'établissement des droits prélevés par le fisc.

Comme l'expérience a prouvé qu'en raffinerie, le sucre incristallisable transformait deux fois, et les cendres cinq fois leur propre poids de sucre cristallisable en sucre incristallisable, on est dans l'habitude de soustraire, du degré saccharimétrique, deux fois le poids du glucose et cinq fois celui des cendres. C'est la différence qui représente le *rendement à la raffinerie* :

En prenant l'analyse précédente, nous arriverions au résultat cherché par le calcul suivant :

Degré saccharimétrique . . . .   96°
Glucose 1.50 × 2 = 3   ⎞
                           ⎬ 5.25
Cendres 0.45 × 5 = 5.25   ⎠
                                              ————————
Rendement net . . . .   90° 75

On établit la valeur commerciale d'un sucre en prenant pour base 88°. A chaque degré au-dessus de 88° on donne une valeur de 1 fr. 25 jusqu'à 92° et de 1 franc seulement au delà. A chaque degré au-dessous une valeur de 1 fr. 25. Il est donc bien facile de connaître la valeur du sucre dont on a obtenu le titre net.

Soit le sucre déjà examiné et titrant 90,75. Supposons que le cours des sucres soit de 22 fr. les 50 kilog. pour le titre 88°, nous aurons donc à multiplier par 1 fr. 25 la différence entre 90, 75 et 88, c'est-à-dire 2,75 × 1,25 = 3 fr. 43 et ajouter ce dernier chiffre à 22, ce qui fera 25 fr. 43 pour le prix des 50 kilog. du sucre brut que nous venons d'analyser.

La douane frapperait ces sucres classés au-dessous du nᵒ 13, d'un droit de 65 fr. 52 pour 100 kilog.

Procédé usité par les laboratoires des douanes. — Les laboratoires des Douanes emploient, depuis l'année 1880, un procédé un peu différent de celui que nous venons de décrire. Au lieu de traiter 5 grammes de sucre par 20 gouttes d'acide sulfurique pour obtenir les cendres, on dissout un poids donné de sucre dans un volume déterminé d'eau distillée, et on filtre pour séparer le sable et les impuretés. On prend un certain volume de ce liquide sucré, on l'évapore à sec dans une capsule de platine tarée, on l'additionne de quelques gouttes d'acide sulfurique et on termine l'opération comme d'habitude. Le poids trouvé est multiplié par le coefficient 5.

Ce genre d'analyse n'est en usage que pour l'établissement du droit à frapper sur le sucre par le fisc.

Analyse des mélasses

On pèse 49 gr. 50 de mélasse qu'on délaie peu à peu dans l'eau distillée, de façon à occuper un volume de 300^{cc} dans un ballon jaugé.

On étend sur un filtre 80 centimètres de noir animal en grains fins, sur lequel on fait passer la liqueur colorée. On perd la première partie du liquide et on reverse 10 à 12 fois la liqueur filtrée sur le filtre à noir. On la reçoit dans un ballon jaugé à 200^{cc} et 220^{cc}. Le liquide occupant le 1er trait, on verse une solution de sous-acétate de plomb jusqu'au second ; on agite et on verse à nouveau sur un filtre contenant 60 centimètres de noir. On laisse perdre les 60^{cc} de liqueur filtrée. On obtient environ 160^{cc} de liquide incolore qu'on soumet au saccharimètre, en ayant soin de faire l'inversion. Le chiffre trouvé indique la proportion de *sucre cristallisable* que contient la mélasse.

Le sucre incristallisable se dose en prenant 10 grammes de mélasse que l'on additionne d'eau distillée de façon à représenter un volume total de 100^{cc} dans un flacon jaugé à 100^{cc} et 110^{cc}. On ajoute 10^{cc} de sous-acétate de plomb, on filtre et on titre, comme nous l'avons indiqué pour le sucre incristallisable du vesou.

Au lieu d'employer le saccharimètre pour doser le sucre cristallisable, on pourrait tout simplement prendre 10^{cc} du liquide précédent, représentant 1 gramme de mélasse, l'intervertir par quelques gouttes d'acide chlorhydrique, et, après avoir porté le volume du liquide à 100cc on ferait le titrage à l'aide de la liqueur de Violette en suivant exactement le procédé que nous avons décrit en parlant de l'analyse du vesou.

Usages et Propriétés alimentaires du sucre

Bien que les anciens aient connu le sucre, ce n'est guère qu'à partir des croisades que ce produit pénétra en Europe. A l'origine de son introduction, il fut considéré comme un médicament; et, jusqu'au règne d'Henri IV, il se vendait à l'once chez les pharmaciens, comme une substance rare.

En 1700, la consommation annuelle du sucre ne dépassait pas 1 million de kilogrammes ; aujourd'hui, elle atteint en France près de 400 millions de kilogrammes.

Le sucre est devenu un objet de première nécessité qui se consomme sous toutes les formes : sous celle de sirops, de confitures, de liqueurs de table, de pâtisseries, de sucre d'orge, de sucre candi, etc. On l'emploie également pour sucrer le thé, le café, le chocolat et toutes les boissons dont on veut masquer le goût amer et désagréable.

Son usage est si bien passé aujourd'hui dans l'habitude des peuples civilisés, qu'on ne pourrait en supporter la privation. C'est un véritable aliment, facilement soluble dans les liquides secrétés par les glandes salivaires. Sans doute, pris isolément il ne saurait nourrir l'homme, ni un animal quelconque ; mais on peut dire que c'est un des aliments respiratoirs les plus propres à compléter les qualités digestives d'une foule de substances alimentaires. Il est également favorable à la formation des matières grasses, par suite il entretient la calorification.

L'abus des substances sucrées cause le dégoût, la soif, la constipation et les embarras gastriques.

Le sucre brut de canne conserve toujours un goût et un arôme agréables qui le font particulièrement rechercher des consommateurs, qualités qui ne se rencontrent point dans les produits similaires de la betterave. Ce n'est qu'à l'état de sucre raffiné que les sucres de canne et de betterave offrent les mêmes qualités et la même saveur.

La production du sucre de cannes dépassait en 1880, celle du sucre de betterave, car la première s'élevait à 3,520,000 tonnes et la seconde n'atteignait que 1,465,000 tonnes.

Mais, depuis cette époque, la production du sucre de betterave a fait de tels progrès qu'elle doit égaler sinon dépasser aujourd'hui celle de sa rivale.

TABLE DES MATIÈRES.

HAVRE. — IMPRIMERIE DU COMMERCE, 2, RUE DE LA BOURSE

www.ingramcontent.com/pod-product-compliance
Lightning Source LLC
LaVergne TN
LVHW021847170726
843503LV00003B/1105